月 日

2 大きい数のかけ算②

答え 8ページ

くりが，１ふくろに 24 こずつ入って売っているよ。２ふくろ買おうよ。

くりは全部《ぜんぶ》で何こになるんだろう？
１ふくろに 20 こ
もとめることがで

24 このくりを，20 こと 4 こに分けて考えてみようよ。
$20\times2=40$ と $4\times2=8$ だから，$40+8=48$
全部《ぜんぶ》で 48 こになると思うよ！

よく考えることができたぞ。
これで，２けたの数と１けたの数のかけ算はバッチリなのだ。

算数

1 次《つぎ》の計算をしましょう。

① 21×4　　② 14×2

③ 13×3　　④ 32×3

⑤ 23×4　　⑥ 82×2

2 子どもを１グループ 12 人ずつに分けます。このグループが８グループあるとき，子どもはみんなで何人いますか。

[式《しき》]

[答え]

3　円と球《きゅう》①

答え 8ページ

学校で玉入れをしたんだけど，なんでかごのまわりに丸くならんでするんだろう…？

かごのまわりに，きれいに丸くならべば，みんなかごまでの長さが同じになるぞ。きれいな丸のことを**円**《えん》というのだ。

かごの場所までの長さのことを**半径**《はんけい》というよね。半《はん》径《けい》の長さが同じになるようにみんながならべば，円ができるんだね！

そうだぞ。半径《はんけい》の２倍《ばい》で，円の向《む》かいがわの人までの長さを**直径**《ちょっけい》，かごの場所《ばしょ》のことを円の**中心**《ちゅうしん》というのだ。

1　㋐～㋒の名前を答えましょう。

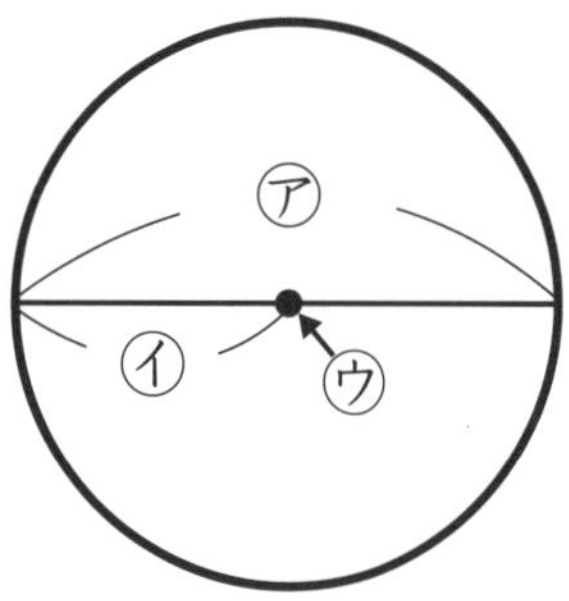

㋐

㋑

㋒

2　次《つぎ》の円の直径《ちょっけい》と半径《はんけい》の長さは，それぞれ何 cm ですか。

①

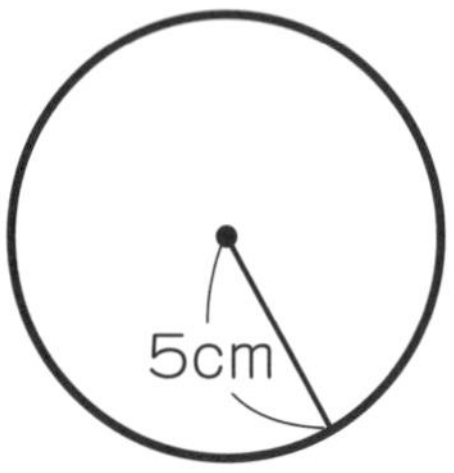

直径《ちょっけい》

半径《はんけい》

②

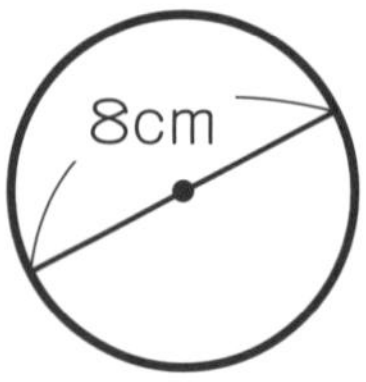

直径《ちょっけい》

半径《はんけい》

月　日

4　円と球《きゅう》②

答え 8ページ

いろいろなスポーツで，まん丸な形のボールが使《つか》われているね。きれいに転《ころ》がって楽しいね！

まん丸な形のことを**球**《きゅう》というぞ。球《きゅう》をまっすぐに切ってできる円の半径《はんけい》と直径《ちょっけい》がそのまま球《きゅう》の半径《はんけい》と直径《ちょっけい》になるぞ。

あれ？でも切るところによって，できる円の大きさがちがうんじゃないかな？

いいところに気がついたのだ！**球《きゅう》の中心を通る**ように，半分に切ったときにできる円の半《はん》径《けい》と直径《ちょっけい》をみるようにするのだ！

算数

1　次《つぎ》の球《きゅう》を半分に切った図で，㋐～㋒の名前を答えましょう。

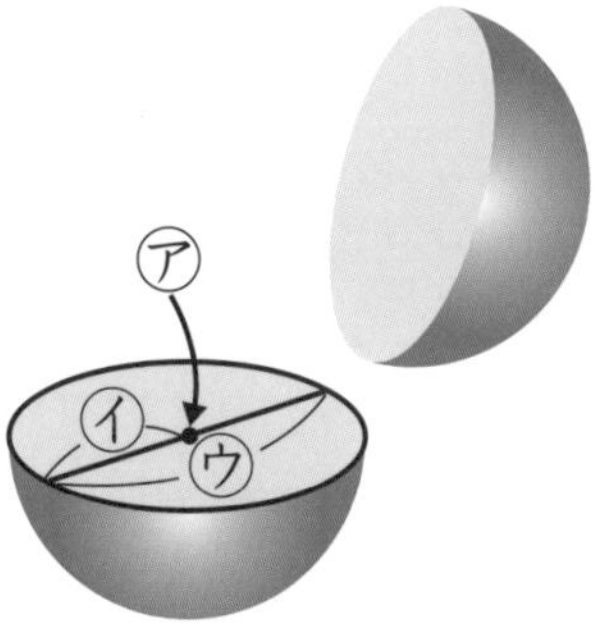

㋐

㋑

㋒

2　次《つぎ》の図のように，半径《はんけい》4cm のボールが８こぴったりと入っている箱《はこ》があります。この箱《はこ》のたてと横《よこ》の長さはそれぞれ何 cm ですか。

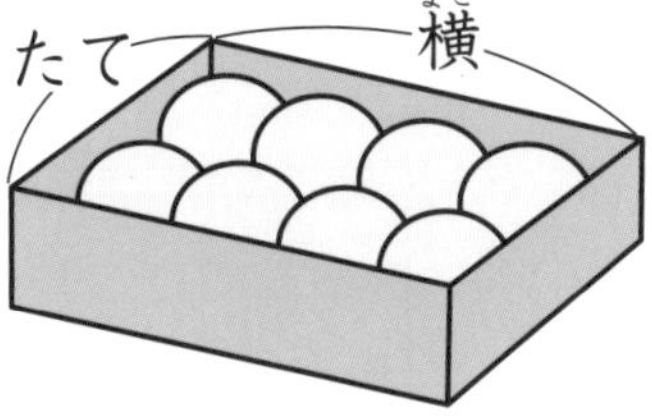

たて

横《よこ》

5　重《おも》さ①

答え 8ページ

かきとなしでは，どっちが重《おも》いんだろう？

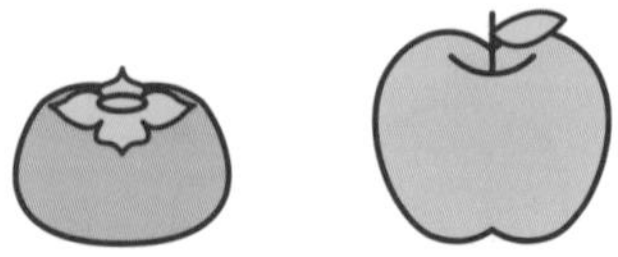

たぶん，なしのほうが重《おも》いと思うな。だって大きいからね！

ぼくもそう思うよ！でも本当になしのほうが重《おも》いのかな？どうやってくらべたらいいんだろう？

重《おも》さのたんいを学習《がくしゅう》すればくらべられるぞ。重《おも》さのたんいには，g《グラム》やkg《キログラム》，t《トン》などがあるのだ。1kg＝1000gだぞ。

1　□にあてはまる，重《おも》さのたんいを書きましょう。

① なし1この重《おも》さ　400 □

② 小学3年生の男の子の体重《たいじゅう》　30 □

③ バス1台の重《おも》さ　4 □

2　次《つぎ》の重《おも》さを，（　）の中のたんいで表《あらわ》しましょう。

① 1kg500g（g）　□

② 2700g（kg，g）　□

③ 4kg20g（g）　□

算数

チャ太郎ドリル
夏休み編

ステップアップノート

小学3年生

もくじ

算数

えい語

国語

国語は，いちばん後ろのページからはじまるよ!

1 大きい数のかけ算①

答え 8ページ

お祭《まつ》りに来たよ！
１こ20円のおかしが売っているね。

そのおかしを４こ買うとき，
式《しき》は20×4だと思うんだけど，
答えはどうなるんだろう…？

20円は10円玉が２まいと考えられるよ。
10円玉が，2×4=8で８まいあることになるから，
答えは80円だね！

よくくふうして考えることができたぞ。
300×2などの計算でも
同じように考えることができるのだ。

1 次《つぎ》の計算をしましょう。

① 30×3　　② 50×4

③ 70×6　　④ 90×2

⑤ 300×2　　⑥ 600×7

⑦ 800×3　　⑧ 200×9

2 １こ400円のももを６こ買います。代金《だいきん》はいくらになりますか。

[式《しき》]

[答え]

6 重《おも》さ②

答え 8ページ

1こ250gのかきと，1こ400gのなしの重《おも》さはあわせて何gになるのかな。

重《おも》さの計算も整数《せいすう》の計算と同じように考えるのだ。
ただ，注意《ちゅうい》することがあるぞ。
たとえば，1kg200g−400gはどうすればいいかな。

200から400はひけないよ…。
どうしよう…。

わかった！ 1kg＝1000gだから，
1kg200gは1200gだね！
1200g−400g＝800gだ！

1 次《つぎ》の計算をしましょう。

① 100g＋400g　　② 800g−600g

③ 300g＋1kg700g　　④ 3kg−200g

⑤ 900g＋500g　　⑥ 1kg400g−800g

2 300gのかごに，りんごを800g入れました。りんごを入れたあとのかごの重《おも》さは何kg何gになりましたか。

[式《しき》]

[答え]

1 大きい数のかけ算① 2ページ

1 ① 90 ② 200 ③ 420
④ 180 ⑤ 600 ⑥ 4200
⑦ 2400 ⑧ 1800

2 [式] 400×6=2400
[答え] 2400円

かんがえかた

1 10や100がいくつあるかを考えましょう。

2 大きい数のかけ算② 3ページ

1 ① 84 ② 28 ③ 39
④ 96 ⑤ 92 ⑥ 164

2 [式] 12×8=96
[答え] 96人

かんがえかた

1 2けたの数を，何十と1けたの数に分けて考えましょう。

2 12人のグループが8グループあるので，かけ算で計算します。

3 円と球《きゅう》① 4ページ

1 ㋐ 直径 ㋑ 半径 ㋒ 中心

2 ① 直径…10cm，半径…5cm
② 直径…8cm，半径…4cm

かんがえかた

2 半径《はんけい》は，円のまわりから中心までの長さです。また，直径《ちょっけい》は半径《はんけい》の2倍《ばい》の長さです。

4 円と球《きゅう》② 5ページ

1 ㋐ 中心 ㋑ 半径 ㋒ 直径

2 たて…16cm，横…32cm

かんがえかた

2 半径《はんけい》4cmのボールの直径《ちょっけい》は4×2=8で8cmです。たての長さは，ボールの直径《ちょっけい》2こ分なので，8×2=16（cm）
横《よこ》の長さは，ボールの直径《ちょっけい》4こ分なので，8×4=32（cm）になります。

5 重《おも》さ① 6ページ

1 ① g ② kg ③ t

2 ① 1500g ② 2kg700g
③ 4020g

かんがえかた

2 1kg=1000gであることから考えましょう。③は，4200gとしないように注意《ちゅうい》しましょう。

6 重《おも》さ② 7ページ

1 ① 500g ② 200g
③ 2kg（2000g）
④ 2kg800g（2800g）
⑤ 1kg400g（1400g）
⑥ 600g

2 [式] 300g+800g=1kg100g
[答え] 1kg100g

かんがえかた

1 1kg=1000gであることから考えましょう。

チャ太郎ドリル
夏休み編

ステップアップノート 小学3年生

えい語

月　日

1 色①

色を表すえい語は何というかな？

答え 16ページ

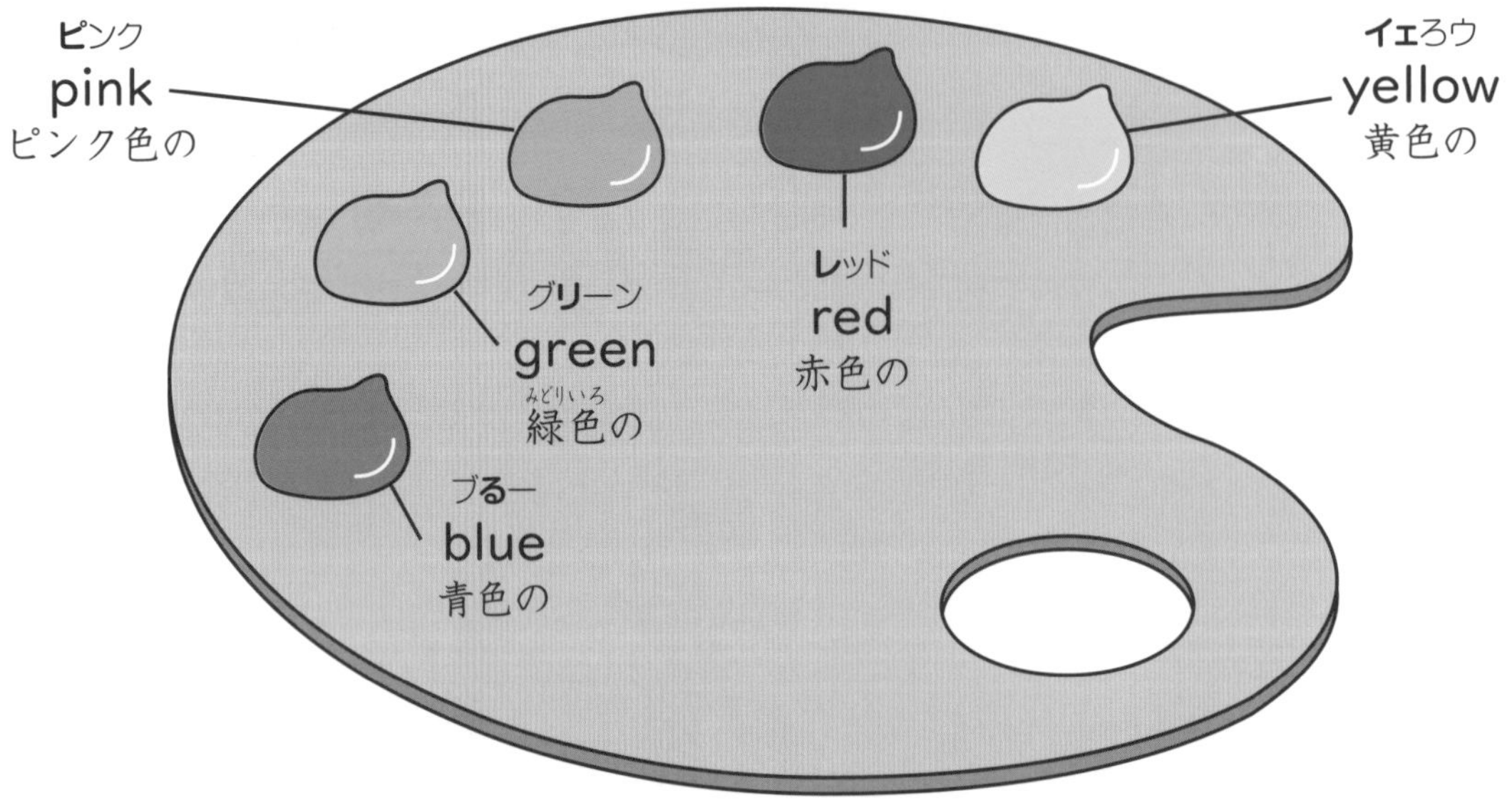

pink《ピンク》
ピンク色の
yellow《イエろウ》
黄色の
red《レッド》
赤色の
green《グリーン》
緑色《みどりいろ》の
blue《ブるー》
青色の

「色」はえい語でcolor《カら》というよ。
あなたはどの色がすき?

Let's try!

1 次《つぎ》の絵の色を表《あらわ》すたん語を，それぞれ〔　　〕からえらんで○でかこみましょう。

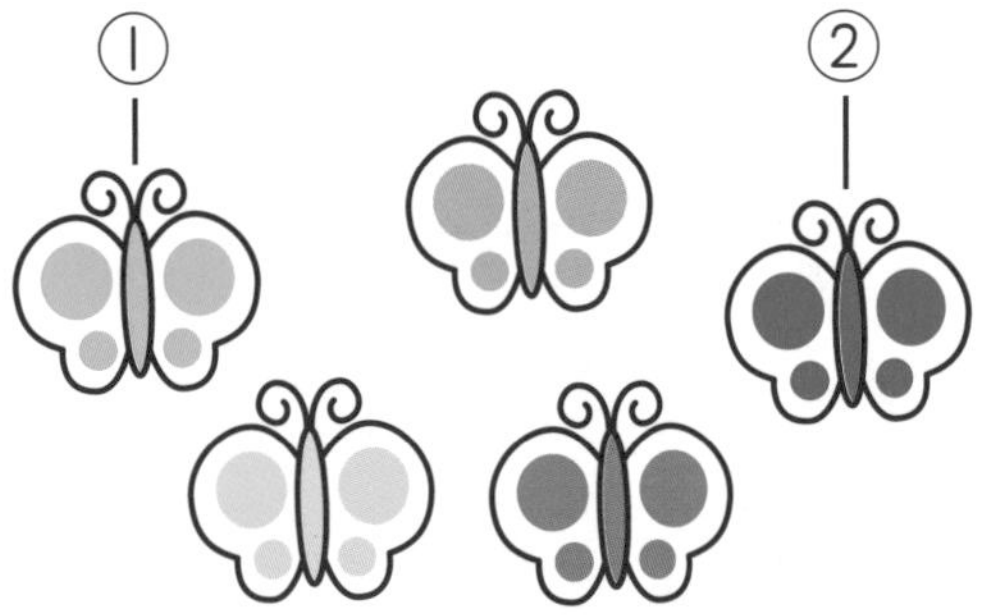

①
②

① 〔 yellow / green 〕

② 〔 red / pink 〕

2 下のほしいものリストを見て，それぞれのものの色を表《あらわ》すたん語を下からえらんで，記号《きごう》で答えましょう。

ほしいものリスト
- ピンク色のスカート
- 黄色のペン
- 青色のかばん

① かばん　(　　　　)

② スカート　(　　　　)

③ ペン　(　　　　)

ア yellow　**イ** pink　**ウ** blue

2 色②

色を表すえい語は何というかな？

答え 16ページ

black《ブらぁック》
黒色の

purple《パ～プる》
むらさき色の

brown《ブラウン》
茶色の

white《(ホ)ワイト》
白色の

orange《オーレンヂ》
オレンジ色の

orangeには「オレンジ色の」という意味《いみ》のほかに，くだものの「オレンジ」という意味《いみ》もあるぞ。

Let's try!

1 次《つぎ》の絵に合うたん語を線でむすびましょう。

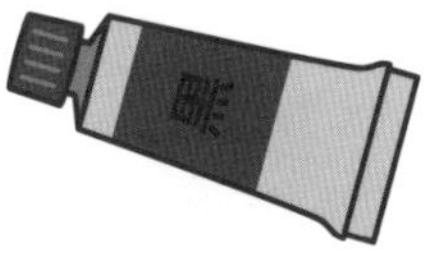

white　　　black　　　brown

2 絵が表《あらわ》すものの色とたん語が合っていれば○，ちがっていれば×を（　　）に書きましょう。

①

brown
（　　　　）

②

orange
（　　　　）

□月□日

3 やさい・くだもの①

やさいやくだものを表すえい語は何というかな？

答え 16ページ

green《グリーン》 pepper《ペパ》
ピーマン
carrot《キぁロット》
ニンジン
tomato《トメイトウ》
トマト
onion《アニョン》
タマネギ
cucumber《キューカンバ》
キュウリ

「やさい」はえい語でvegetable《ヴェヂタブる》,
「くだもの」はfruit《ふルート》というよ。

Let's try!

1 次《つぎ》のやさいやくだものは絵の中にいくつありますか。数字を書きましょう。

① green pepper
(　　　　)こ

② tomato
(　　　　)こ

③ carrot
(　　　　)本

2 次《つぎ》の絵に合うたん語を○でかこみましょう。

①

(onion / tomato)

②

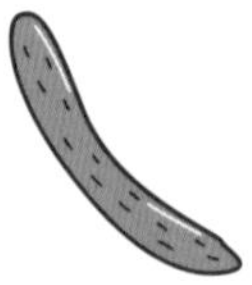

(carrot / cucumber)

4 やさい・くだもの②

やさいやくだものを表すえい語は何というかな？

答え 16ページ

peach《ピーチ》
モモ
kiwi《キーウィー》 fruit《ふルート》
キウイフルーツ
banana《バナぁナ》
バナナ
grapes《グレイプス》
ブドウ
melon《メろン》
メロン
pineapple《パイナぁプる》
パイナップル

pineapple は apple《あぷる》 だけだと，「リンゴ」という意味《いみ》になるよ。

Let's try!

1 次《つぎ》の表《ひょう》の内ように合うように，（　　）に日本語を書きましょう。

	すきなくだもの	きらいなくだもの
ミユ	peach	kiwi fruit
ハルト	banana	pineapple

① ミユがきらいなくだもの （　　　　　）

② ハルトがすきなくだもの （　　　　　）

2 次《つぎ》のたん語に合う絵を下からえらんで，記号《きごう》で答えましょう。

① grapes （　　　　）　② peach （　　　　）　③ melon （　　　　）

ア

イ
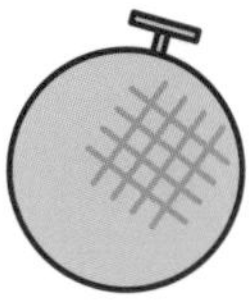

ウ

□月□日

5 スポーツ

スポーツを表すえい語は何というかな？

答え 16ページ

soccer《サカ》
サッカー
basketball《バぁスケットボーる》
バスケットボール
baseball《ベイスボーる》
野球《やきゅう》
table《テイブる》 tennis《テニス》
たっ球《きゅう》
volleyball《ヴァりボーる》
バレーボール

baseball や basketball などの ball《ボーる》 は 「ボール」 という意味《いみ》だぞ。

えい語

Let's try!

1 メモにあるスポーツをたどって，ゴールしましょう。

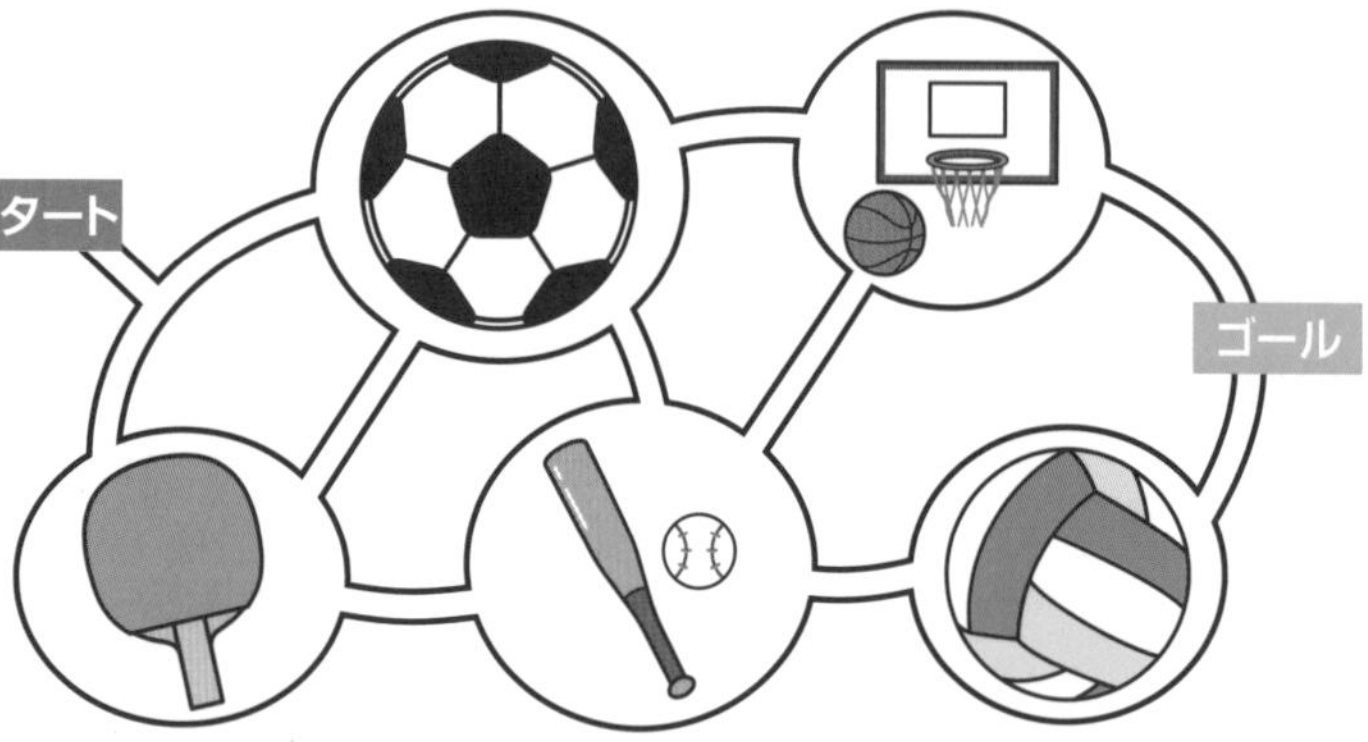

スタート
ゴール

メモ
- table tennis
- baseball
- basketball

2 絵とえい語が合っていれば○，ちがっていれば×を（　　）に書きましょう。

① 

volleyball
（　　　　）

② 

table tennis
（　　　　）

6 からだの部分

からだの部分を表すえい語は何というかな？

答え 17ページ

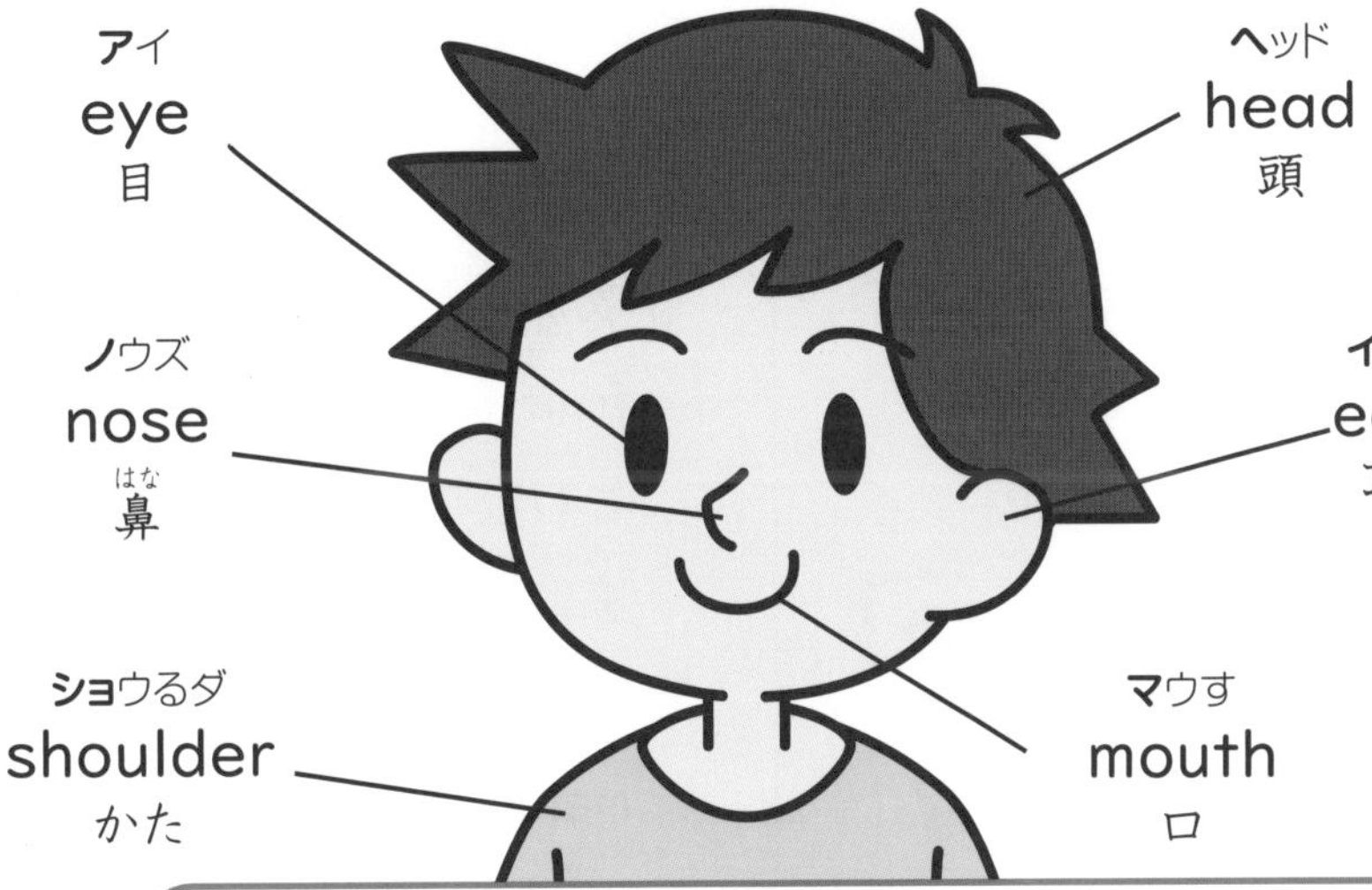

「からだ」はえい語でbody《バディ》というよ。

Let's try!

1 次《つぎ》のたん語に合う絵を下からえらんで，記号《きごう》で答えましょう。

① mouth （　　　）　② ear （　　　）　③ nose （　　　）

ア

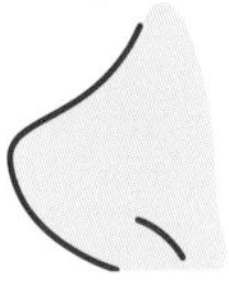

イ

ウ

2 次《つぎ》の絵に合うたん語をさがして，○でかこみましょう。

a	p	l	e	s	h
r	h	a	s	h	e
s	y	o	u	o	w
g	e	o	s	u	r
h	p	s	t	l	g
e	e	w	a	d	e
d	o	y	b	e	t
t	m	e	e	r	y

①

②

たてかななめでさがしてね。

えい語

1 色① 10ページ

1 ① green ② red

2 ① ウ ② イ ③ ア

かんがえかた

1「緑《みどり》色《いろ》の」は green,「赤色の」は red といいます。

2「青色の」は blue,「ピンク色の」は pink,「黄色の」は yellow といいます。

2 色② 11ページ

1

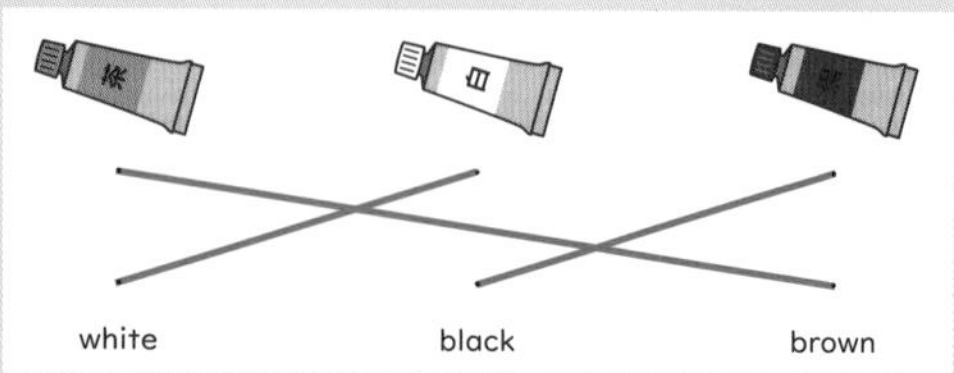

2 ① × ② ○

かんがえかた

1「茶色の」は brown,「白色の」は white,「黒色の」は black といいます。

2 絵から，ブドウはむらさき色，カボチャはオレンジ色とわかります。①の brown は「茶色の」という意《い》味《み》です。

3 やさい・くだもの① 12ページ

1 ① 4(こ) ② 6(こ)
③ 2(本)

2 ① onion ② cucumber

かんがえかた

1 green pepper「ピーマン」，tomato「トマト」，carrot「ニンジン」の数を数えましょう。

2「タマネギ」は onion，「キュウリ」は cucumber といいます。

4 やさい・くだもの② 13ページ

1 ① キウイフルーツ ② バナナ

2 ① ウ ② ア ③ イ

かんがえかた

1 表《ひょう》から，ミユがきらいなくだものは kiwi fruit，ハルトがすきなくだものは banana とわかります。それぞれを日本語に直して答えましょう。

2 grapes は「ブドウ」，peach は「モモ」，melon は「メロン」という意《い》味《み》です。

5 スポーツ 14ページ

1

2 ① ○ ② ×

かんがえかた

1 メモの table tennis は「たっ球《きゅう》」，baseball は「野《や》球《きゅう》」，basketball は「バスケットボール」という意《い》味《み》です。

2「バレーボール」は volleyball，「サッカー」は soccer といいます。table tennis は「たっ球」という意味です。

6 からだの部分 15ページ

1 ① イ　② ウ　③ ア

2

②（縦：shoulder）

a	p	l	e	s	h
r	h	a	s	h	e
s	y	o	u	o	w
g	e	o	s	u	r
h	p	s	t	l	g
e	e	w	a	d	e
d	o	y	b	e	t
t	m	e	e	r	y

①（ななめ：eye）

かんがえかた

1 mouth は「口」，ear は「耳」，nose は「鼻《はな》」という意味《いみ》です。

2「目」は eye，「かた」は shoulder といいます。

4 文章《ぶんしょう》を読む① 20ページ

(1) だいじょうぶ

(2) イ

かんがえかた

(1) ケイコさんは「むねが、不安《ふあん》でおしつぶされそう」な思いで子犬をむかえに来ましたが、子犬のあくびを見て、「だいじょうぶな気がしてき」たと言っています。

5 文章《ぶんしょう》を読む② 19ページ

(1) まだえらい

(2) ひととしてどんどんよくなっていく

かんがえかた

(1) 直前の「武士《ぶし》だったひとは、まだえらいと思っている」をまとめています。

(2) 一生けんめい勉強《べんきょう》すれば、ひとはどうなるとのべているかを読み取《と》ります。

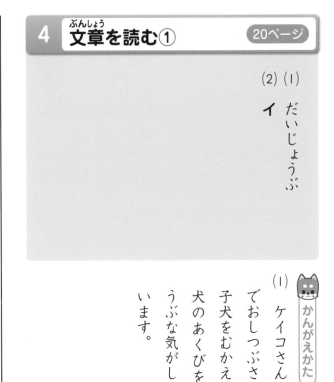

1 三年生の漢字《かんじ》 23ページ

1
①研究 ②病院
③昭和 ④鼻息
⑤幸福 ⑥軽重

2
① さいわ しあわ
② じゅう え かさ おも

かんがえかた

1 ⑥「軽重《けいちょう》」は、「軽《かる》いことと重《おも》いこと、かちの小さいことと大きいこと」という意味《いみ》。「命《いのち》に軽重《けいちょう》はない」などと使《つか》います。

2 ②「重」という漢字《かんじ》は読み方がたくさんあるので、しっかりおぼえましょう。

2 文の組み立て 22ページ

1
① イ
② ア
③ ウ

2
① ウ
② ウ

かんがえかた

1 ①「何を」買ったのか、②「いつ」行くのか、③「どんな」ぼうしなのかを、それぞれくわしくしています。

2 ①くつを→「ぬぐ」や、②友だちと→「食べた」のように、続《つづ》けて読むと、意味《いみ》がわかりやすいです。

3 ことわざ・故事成語《こじせいご》 21ページ

1
① ○
② ○
③ ×

2
ア

かんがえかた

1 ①は「用心に用心を重《かさ》ねて行動《こうどう》する」②は「よいことをするのにためらうな」③は「とてもいそがしくて、どんな助《たす》けでもほしい」、という意味《いみ》のことわざです。

2「五十歩《ごじっぽ》百歩《ひゃっぽ》」は、いくさから五十歩にげた人が百歩にげた人をわらったが、どちらもおくびょうであることにかわりはない、という話が元になっています。

5 文章《ぶんしょう》を読む②

月　日

答え 17ページ

だん落《らく》ごとに、書かれている内ようをとらえながら読むのだ。一だん落《らく》ずつ読んで理解《りかい》していくと、わかりやすくなるぞ。

●次《つぎ》の文章《ぶんしょう》を読んで、あとの問《と》いに答えましょう。

明治時代《めいじじだい》になり、ひとはみな平等《びょうどう》だということになった。それでもひとの心は急《きゅう》にはかわらない。武士《ぶし》だったひとは、まだえらいと思っている。

①そんな古くさい頭のひとがいっぱいいるときに、諭吉《ゆきち》先生は本でこう書いたのだ。

「ひとには上下はない。生まれた家がどんな家かなんて、かんけいはない。ひとにちがいが出るとすれば、それは○○によってだ」

では問題《もんだい》です。○○のところには、何が入るでしょうか？

顔？　ぜんぜんちがうね。答えは、勉強《べんきょう》すること、学ぶことだよ。

ひとは一生けんめい本を読んだりひとの話をきいて学べば、ひととしてどんどんよくなっていく。どんなにお金持《かねも》ちの家に生まれたとしても、勉強をぜんぜんしなかったら、そのひとはたいした人物《じんぶつ》にはなれない。

②一生けんめい勉強をするかどうか。これがひととしての価値《かち》を決めるいちばんたいせつなことだ、と諭吉先生は国民《こくみん》みんなに教えたんだ。

（齋藤《さいとう》 孝《たかし》「齋藤孝《さいとうたかし》の親子で読む偉人《いじん》の話　3年生」）

(1) ——線①「そんな古くさい頭のひと」とは、どんなひとですか。五字でぬき出しましょう。

□□□□□ と思っている武士《ぶし》だったひと。

(2) ——線②「一生けんめい……たいせつなことだ」と諭吉《ゆきち》先生が教えたのはなぜですか。（　）にあてはまる言葉《ことば》をぬき出しましょう。

ひとは読書したり学んだりすれば、

（　　　　　　　　　　）から。

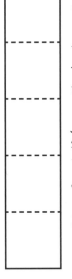

4 文章《ぶんしょう》を読む①

月　日

答え 17ページ

気持《きも》ちを表《あらわ》す言葉《ことば》や、「〜気持《きも》ち」「〜という気」などをさがしながら読むのだ。

●次《つぎ》の文章《ぶんしょう》を読んで、あとの問《と》いに答えましょう。

〔ケイコさんは、動物病院《どうぶつびょういん》に生まれたての子犬をむかえに来た。子犬のうちいっぴきには前足がないらしい。〕

ケイコさんのむねが、不安《ふあん》でおしつぶされそうになったそのとき。

子犬が、先生の手の中で、フワーッと大きなあくびをしました。

心配《しんぱい》ごとなんて、なにもなさそうな、おだやかで平和《へいわ》なあくび……。

ケイコさんのほほがゆるみました。

「気持《きも》ちよさそうですね」

先生も目を細めています。

「うんうん。この子は、いま、とても気持ちがよくて、幸《しあわ》せなんですよ。おお、またあくびだ。」

「うわあ、全身《ぜんしん》で、うーんって、のびしてますね」

二人で小さくわらって、それから、ケイコさんは、かみしめるようにいいました。

「先生、ありがとうございます。この子を見ていたら、なんだか、だいじょうぶな気がしてきました」

「よかった。こまったことがあれば、またいつでもきてください」

先生の丸い顔が、いっそう丸くなりました。

（あんずゆき「マオのうれしい日」）

(1) ——線「大きなあくび」とありますが、このあくびを見て、ケイコさんの不安《ふあん》な気持《きも》ちはどうかわりましたか。六字でぬき出しましょう。

(2) ＝＝線「先生の……なりました」は、先生がどんな表情《ひょうじょう》になったことを表《あらわ》していますか。次《つぎ》から一つえらび、記号《きごう》で答えましょう。

ア　なきがお　　イ　えがお　　ウ　ふくれっつら

〔　　〕

国語

3 ことわざ・故事成語《こじせいご》

国語

月　日

答え 18ページ

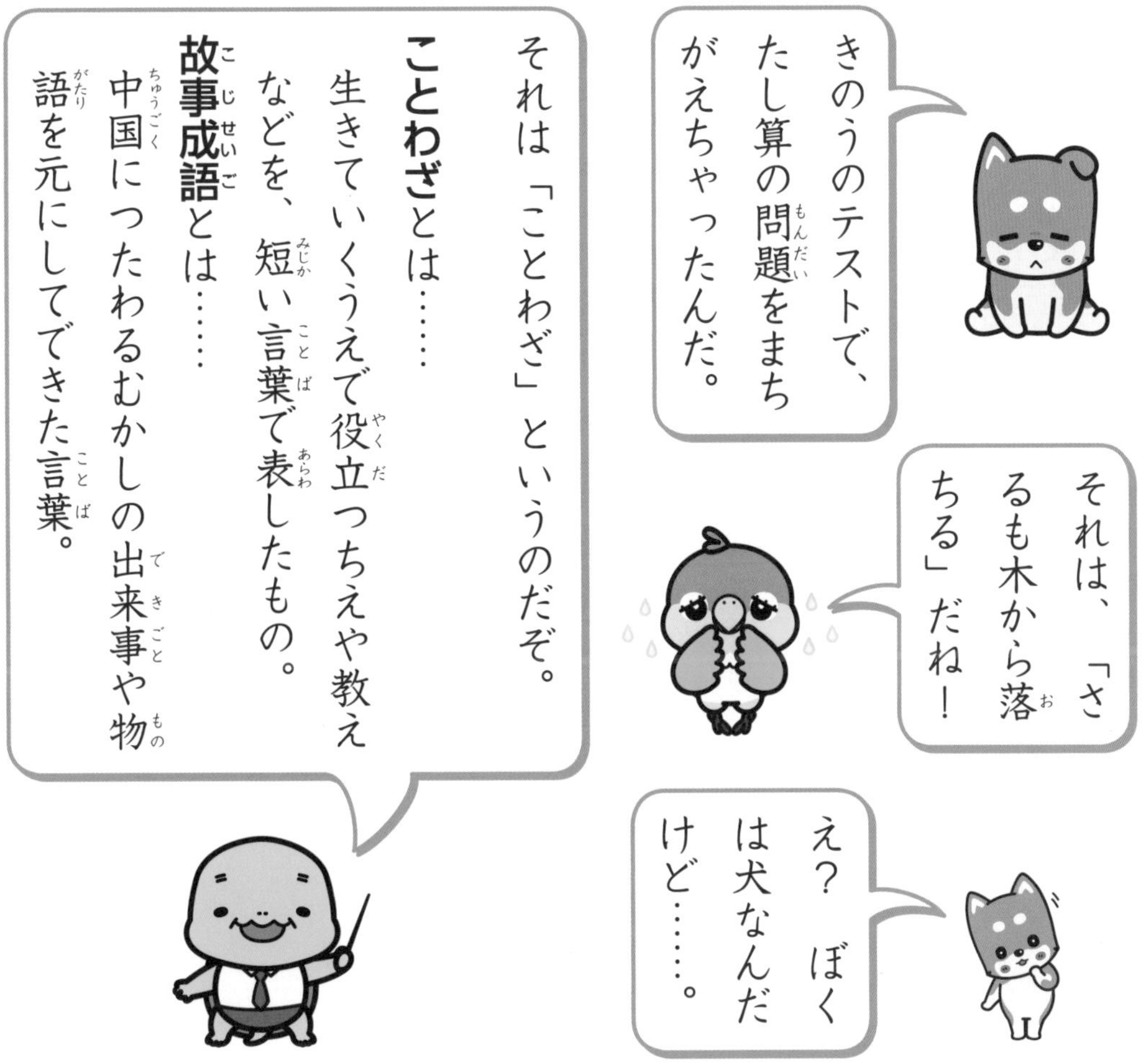

きのうのテストで、たし算の問題《もんだい》をまちがえちゃったんだ。
それは、「さるも木から落《お》ちる」だね！
え？ ぼくは犬なんだけど……。
それは「ことわざ」というのだぞ。
ことわざとは……
生きていくうえで役立《やくだ》つちえや教えなどを、短《みじか》い言葉《ことば》で表《あらわ》したもの。
故事成語《こじせいご》とは……
中国《ちゅうごく》につたわるむかしの出来事《できごと》や物《もの》語《がたり》を元にしてできた言葉《ことば》。

1 次《つぎ》の文で、［　　］のことわざの使《つか》い方が正しいものには○、まちがっているものには×を書きましょう。

① あの人は石橋《いしばし》をたたいてわたる人だから、大きなしっぱいはしないだろう。（　　）

② 善《ぜん》は急《いそ》げというから、さっそく始《はじ》めましょう。（　　）

③ ねこの手もかりたいほど、注文《ちゅうもん》が来なかった。（　　）

2 次《つぎ》の故事成語《こじせいご》の意味《いみ》はどちらですか。記号《きごう》で答えましょう。

・五十歩百歩《ごじっぽひゃっぽ》（　　）

ア 少しのちがいはあっても、同じであること。

イ 小さなまちがいから、大きなしっぱいになること。

2 文の組み立て

月　日

答え 18ページ

よーし、ぼくが行くよ！

どこに行くのか、いつ行くのか、もっとくわしく教えてほしいな。

そんなときは、「しゅうしょく語」を使うのだ！

しゅうしょく語とは……

文の内ようをくわしくする言葉《ことば》のこと。

・白い　ねこが　います。（どんな）

・白い　ねこが　二ひき　います。（どのくらい）

1 次《つぎ》の ―― 線のしゅうしょく語が表《あらわ》している意味《いみ》を、あとから一つずつえらび、記号《きごう》で答えましょう。

① スーパーで　いちごを　買う。（　　）

② 土曜日に　テニスの　しあいに　行く。（　　）

③ 赤い　ぼうしを　かぶる。（　　）

ア いつ	**イ** 何を	**ウ** どんな

2 次《つぎ》の□のしゅうしょく語がくわしくしている言葉《ことば》を、**ア**〜**ウ**から一つずつえらび、記号《きごう》で答えましょう。

① ア弟が　イげんかんで　［くつを］　ウぬぐ。（　　）

② ［友だちと］　ア家で　イおやつを　ウ食べた。（　　）

国語

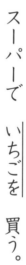

1 三年生の漢字《かんじ》

月　日

答え 18ページ

国語

新しく漢字《かんじ》を習《なら》うときは、音《おん》読みや訓《くん》読み、いくつもある読み方も全部《ぜんぶ》おぼえるのだ。

- 鼻　はな
- 幸　コウ　さいわ(い)　しあわ(せ)
- 昭　ショウ
- 病　ビョウ　やまい
- 福　フク
- 研　ケン
- 息　ソク　いき
- 重　ジュウ・チョウ　え・おも(い)　かさ(ねる)
- 軽　ケイ　かる(い)
- 院　イン
- 究　キュウ
- 和　ワ

もちろん、書く練習《れんしゅう》もね！

たくさんあって大変《たいへん》だ。がんばるぞ！

1 上の漢字《かんじ》を組み合わせた言葉《ことば》を、□に書きましょう。

① けんきゅう　□□

② びょういん　□□

③ しょうわ　□□

④ はないき　□□

⑤ こうふく　□□

⑥ けいちょう　□□

2 次《つぎ》の——線の漢字《かんじ》の読みを、（　）に書きましょう。

①
- 幸いにもけがはなかった。（　）
- 幸せな毎日を送《おく》る。（　）

②
- 重大なできごと。（　）
- 三重県《けん》に遊《あそ》びに行く。（　）
- 紙を重ねる。（　）
- 荷物《にもつ》が重い。（　）

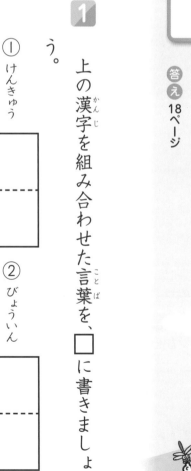

チャ太郎ドリル
夏休み編

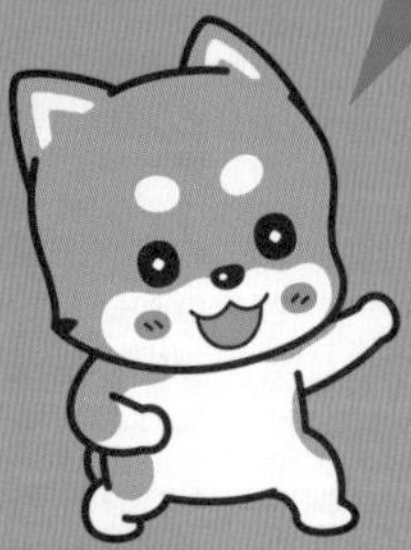

ステップアップノート 小学3年生

国語は，ここからはじまるよ！

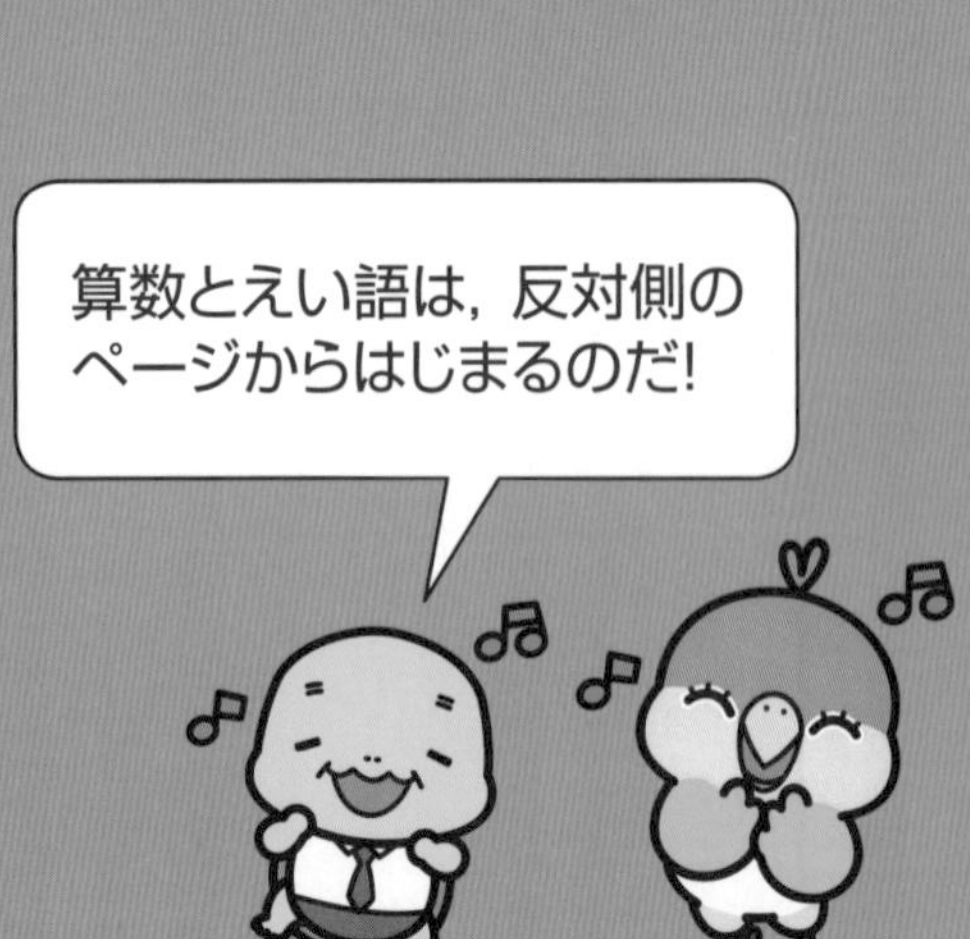

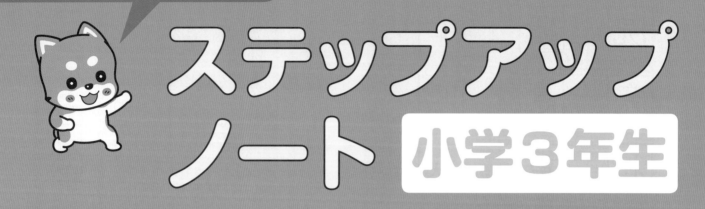

本誌・答え

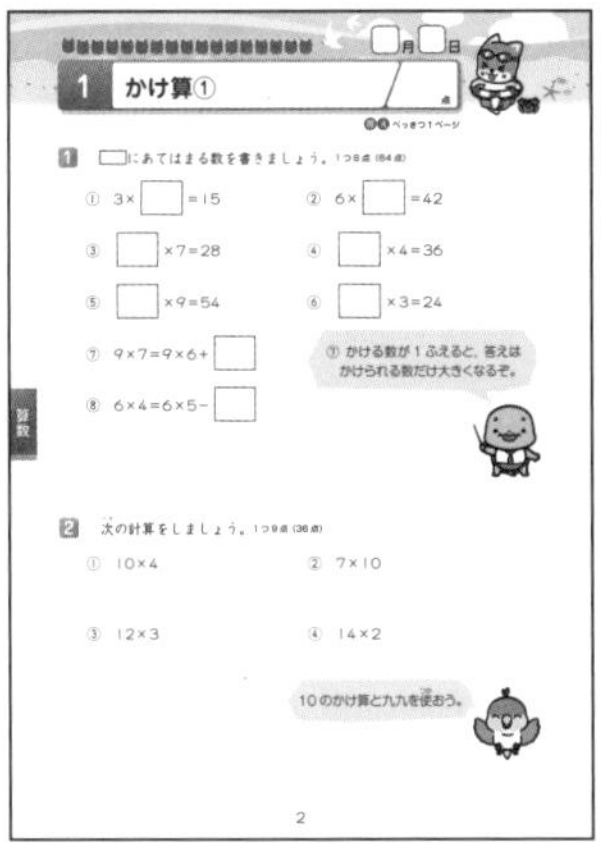
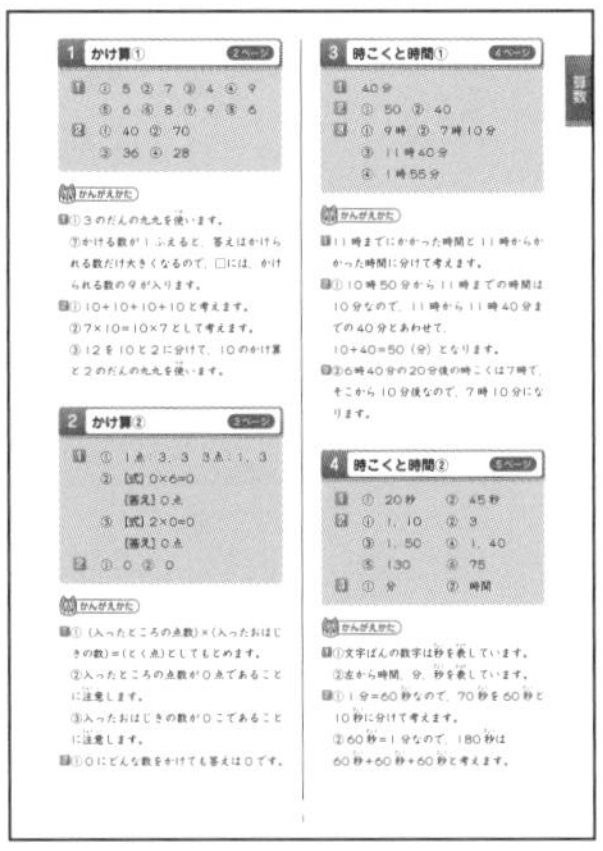

算数は，１学期の確認を14回に分けて行い，最後にまとめ問題を３回分入れています。国語は，１学期の確認を17回に分けて行います。英語は「外国語活動」で役立つ内容を８回に分けて学習し，最後にまとめ問題を３回分入れています。１回分は１ページで，お子様が無理なくやりきることのできる問題数にしています。

ステップアップノート

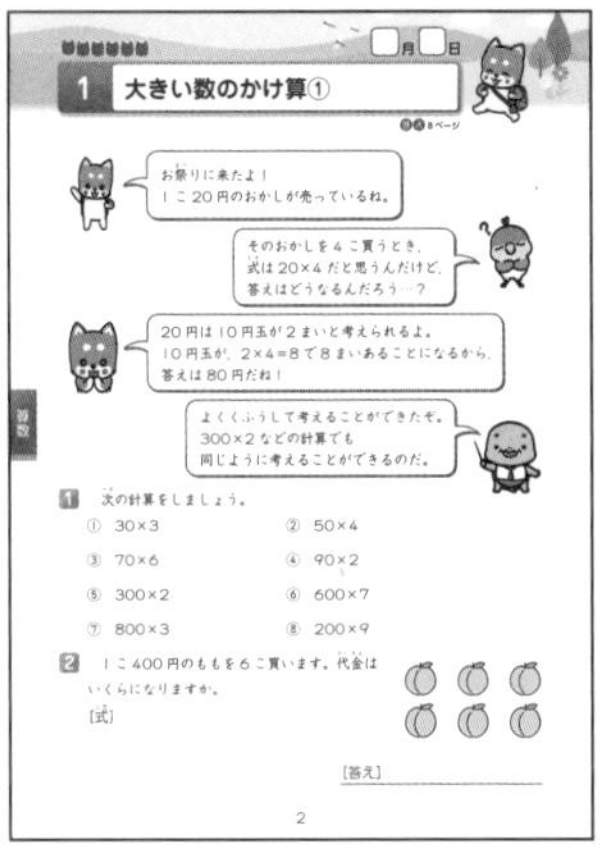
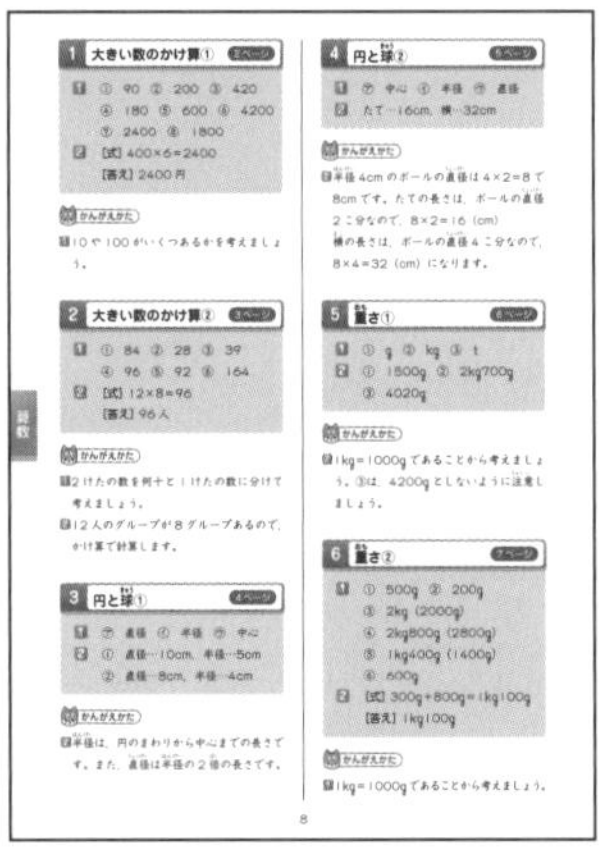

２学期の準備を，算数は６回，国語は５回に分けて行います。英語は「外国語活動」で役立つ内容を６回に分けて学習します。チャ太郎と仲間たちによる楽しい導入で，未習内容でも無理なく取り組めるようにしています。答えは，各教科の最後のページに掲載しています。

特別付録：ポスター「３年生で習う漢字」「英語×きせつ」

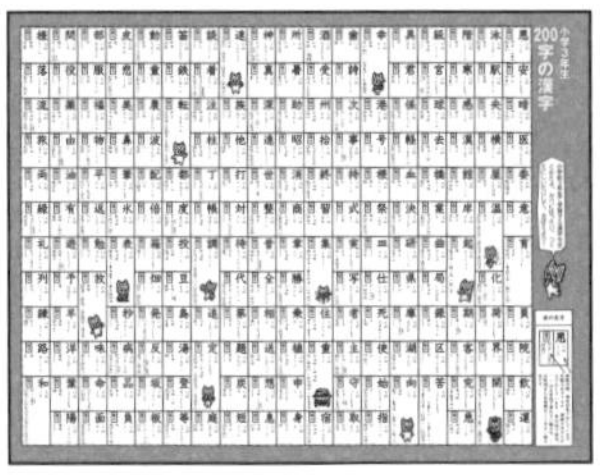

お子様の学習に対する興味・関心を引き出すポスターです。「英語×きせつ」のポスターでは，ところどころに英単語を載せ，楽しく英単語を覚えられるようにしています。

本書の使い方

まず，本誌からはじめましょう。本誌の問題をすべて解き終えたら，ステップアップノートに取り組みましょう。

①算数・国語は１日１回分，英語は２日に１回分の問題に取り組むことを目標にしましょう。

②問題を解いたら，答え合わせをしましょう。「かんがえかた」も必ず読んで，理解を深めましょう。

③答え合わせが終わったら，巻末の「わくわくカレンダー」に，シールを貼りましょう。

チャ太郎ドリル　夏休み編　小学３年生
算数・えい語

もくじ

算数

えい語

国語は
反対側のページから
はじまるよ!

チャ太郎ドリル　夏休み編

小学3年生

算数

月　日

1 かけ算①

点

答え べっさつ１ページ

1 □にあてはまる数を書きましょう。1つ8点（64点）

① 3×□＝15　　② 6×□＝42

③ □×7＝28　　④ □×4＝36

⑤ □×9＝54　　⑥ □×3＝24

⑦ 9×7＝9×6＋□

⑧ 6×4＝6×5－□

⑦ かける数が１ふえると，答えは
かけられる数だけ大きくなるぞ。

算数

2 次《つぎ》の計算をしましょう。1つ9点（36点）

① 10×4　　② 7×10

③ 12×3　　④ 14×2

10のかけ算と九九を使《つか》おう。

2 かけ算②

点

答え べっさつ1ページ

1　おはじきでゲームをしました。10回おはじきをはじいて，丸の中に入ると，書いてある点数がもらえます。さゆりさんのけっかは下の図のようになりました。

① 1点と3点のところに入ったおはじきの全部《ぜんぶ》のとく点をもとめます。□にあてはまる数を書きましょう。1つ5点(20点)

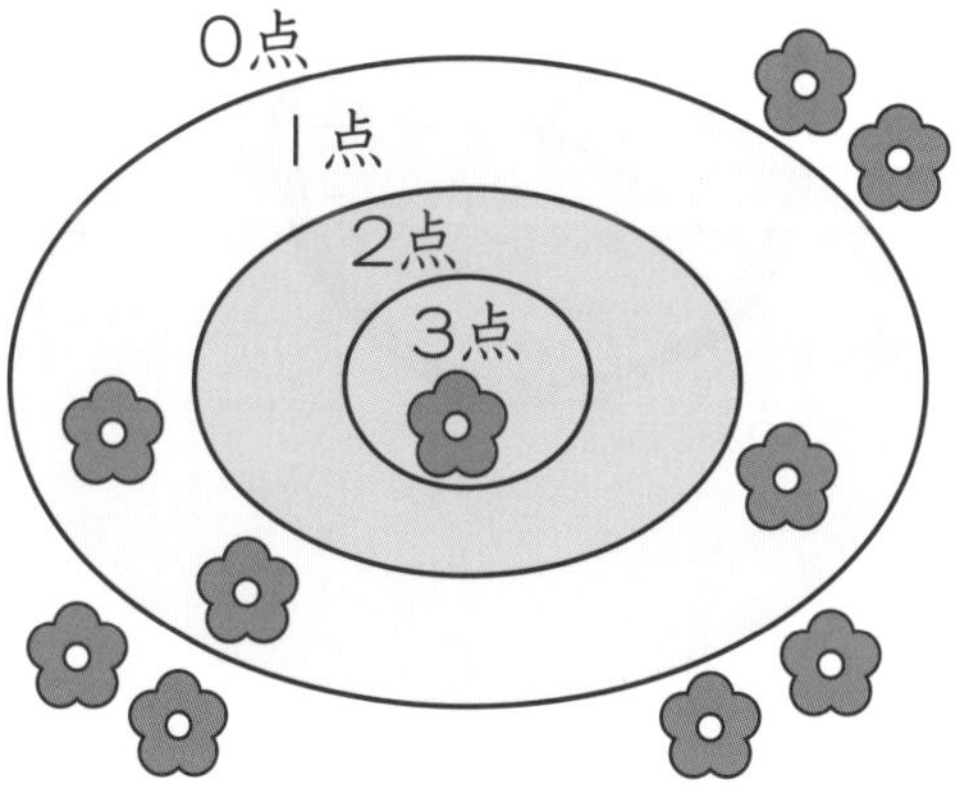

1点：　1×□＝□

3点：　3×□＝□

② 0点のところのおはじきの全部《ぜんぶ》のとく点をもとめましょう。

式10点，答え10点（20点）

[式《しき》]

[答え]

③ 2点のところに入ったおはじきの全部《ぜんぶ》のとく点をもとめましょう。

式10点，答え10点（20点）

[式《しき》]

[答え]

2　次《つぎ》の計算をしましょう。1つ20点（40点）

① 0×5　　② 8×0

3 時こくと時間①

点

答え べっさつ1ページ

1 家を10時40分に出て，公園に11時20分に着《つ》きました。家から公園までかかった時間は何分ですか。(10点)

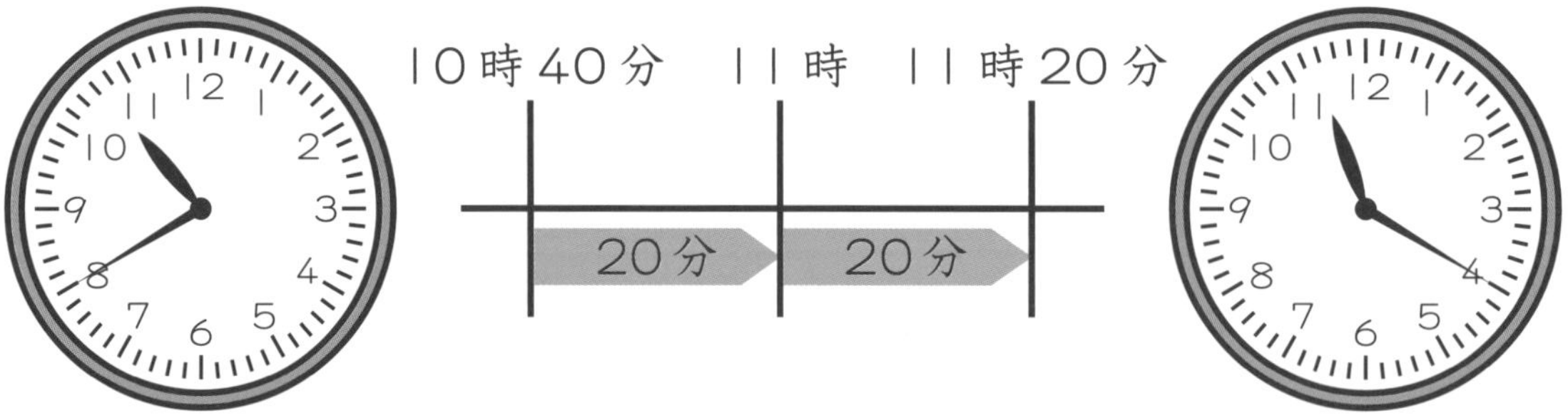

2 □にあてはまる数をもとめましょう。1つ15点(30点)

① 10時50分から11時40分までの時間は□分です。

② 13時30分から14時10分までの時間は□分です。

3 次《つぎ》の時こくをもとめましょう。1つ15点(60点)

① 8時10分から50分後の時こく

② 6時40分から30分後の時こく

③ 12時30分から50分前の時こく

④ 2時15分から20分前の時こく

□月□日

4 時こくと時間②

点

答え べっさつ1ページ

1 次《つぎ》のストップウォッチは，それぞれ何秒《なんびょう》を表《あらわ》していますか。1つ10点(20点)

①

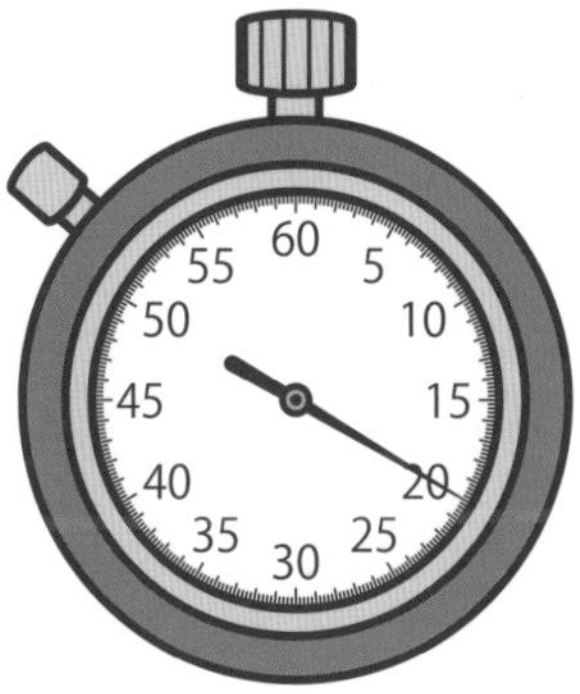

□

②

□

2 次《つぎ》の□にあてはまる数を書きましょう。1つ10点（60点），①③④完答

① 70秒《びょう》＝□分□秒《びょう》　② 180秒《びょう》＝□分

③ 110秒《びょう》＝□分□秒《びょう》　④ 100分＝□時間□分

⑤ 2分10秒《びょう》＝□秒《びょう》　⑥ 1時間15分＝□分

1分＝60秒《びょう》，1時間＝60分だぞ。

3 次《つぎ》の（　）にあてはまる時間のたんいを書きましょう。1つ10点（20点）

① えい画の上えい時間　120（　　　）

② 1日のうち，ねている時間　9（　　　）

算数

月　日

5 わり算①

点

答え べっさつ2ページ

1 クッキーが16こあります。4人で同じ数ずつ分けると，1人分《ひとりぶん》は何こになりますか。式9点，答え9点（18点）

[式《しき》]

[答え]

同じ数ずつ分けるときは，どんな式《しき》になるかな？

2 シールが56まいあります。8人で同じ数ずつ分けると，1人分《ひとりぶん》は何まいになりますか。式9点，答え9点（18点）

[式《しき》]

[答え]

3 次《つぎ》の計算をしましょう。1つ8点（64点）

① 27÷9　　② 30÷5

③ 18÷2　　④ 21÷3

⑤ 36÷6　　⑥ 32÷4

⑦ 72÷8　　⑧ 28÷7

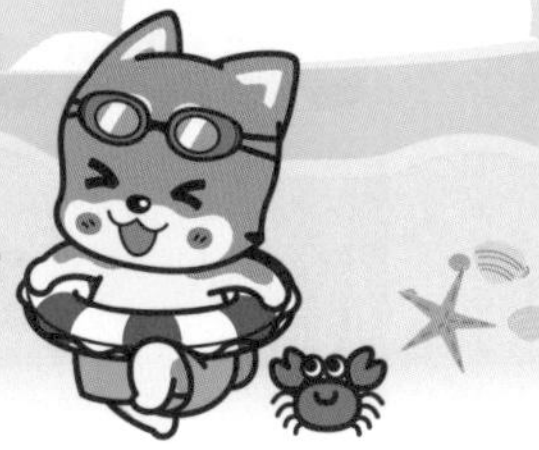

6 わり算②

点

答え べっさつ2ページ

1 おべんとう箱《ばこ》に入っているおにぎりを３人で同じ数ずつ分けます。

式10点，答え10点（40点）

① おにぎりが３こ入っているとき，１人分《ひとりぶん》は何こになりますか。お皿《さら》に○をかきましょう。また，式《しき》を書いて答えをもとめましょう。

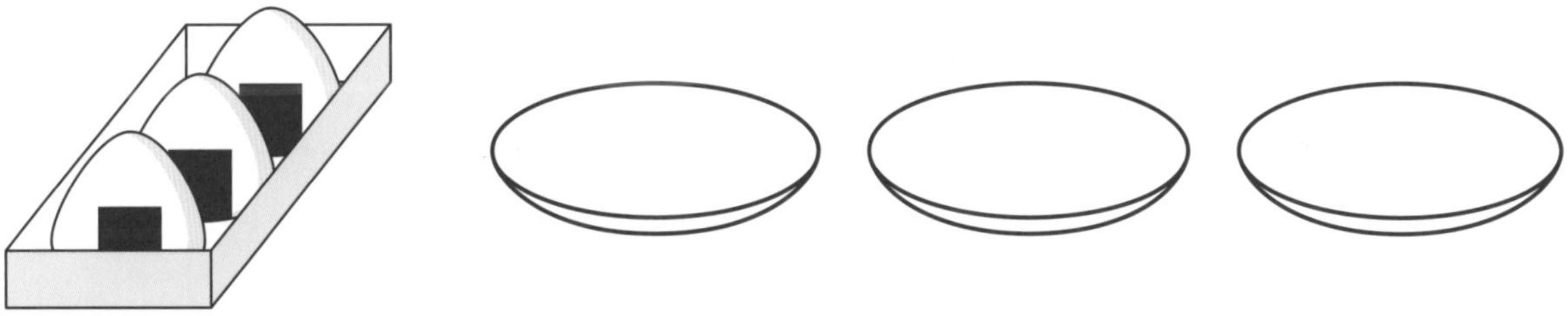

[式《しき》]

[答え]

② おにぎりが０このとき，１人分《ひとりぶん》は何こになりますか。式《しき》を書いて答えをもとめましょう。

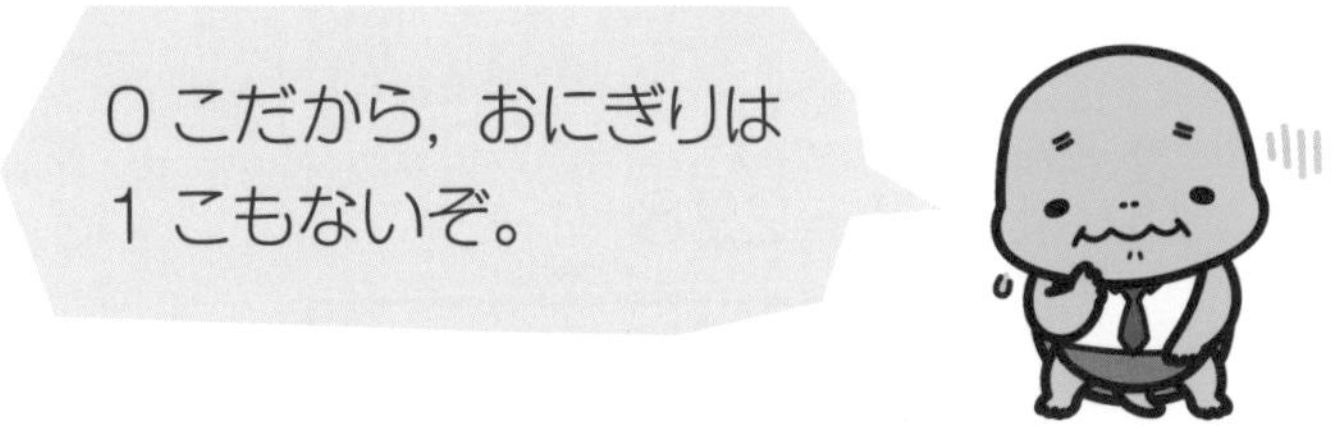

[式《しき》]

[答え]

2 次《つぎ》の計算をしましょう。1つ15点（60点）

① 0÷4

② 3÷1

③ 7÷7

④ 0÷2

7 たし算とひき算の筆算《ひっさん》①

点

答え べっさつ2ページ

1 次《つぎ》の計算をしましょう。1つ20点（40点）

①
$$\begin{array}{r} 237 \\ +\,562 \\ \hline \end{array}$$

②
$$\begin{array}{r} 743 \\ -\,392 \\ \hline \end{array}$$

2 次《つぎ》の計算を筆算《ひっさん》でしましょう。1つ15点（60点）

① 466＋239

② 189＋68

③ 593－228

④ 700－13

筆算《ひっさん》をするときは位《くらい》をそろえて書こう。

月　日

8　たし算とひき算の筆算《ひっさん》②

点

答え　べっさつ2ページ

1　次《つぎ》の計算をしましょう。1つ20点（40点）

①
$$\begin{array}{r} 7394 \\ +\ 2020 \\ \hline \end{array}$$

②
$$\begin{array}{r} 6451 \\ -\ 3647 \\ \hline \end{array}$$

2　次《つぎ》の計算を筆算《ひっさん》でしましょう。1つ15点（60点）

①　6274＋2961

②　2602＋398

③　5293－2486

④　4038－639

くり上がりや，くり下がりに気をつけるのだ！

9 長さ①

点

答え べっさつ3ページ

1 次《つぎ》の□にあてはまる言葉《ことば》を書きましょう。1つ20点（40点）

まっすぐにはかった長さを□，道にそってはかった長さを□といいます。

2 下の地図を見て答えましょう。1つ20点（60点）

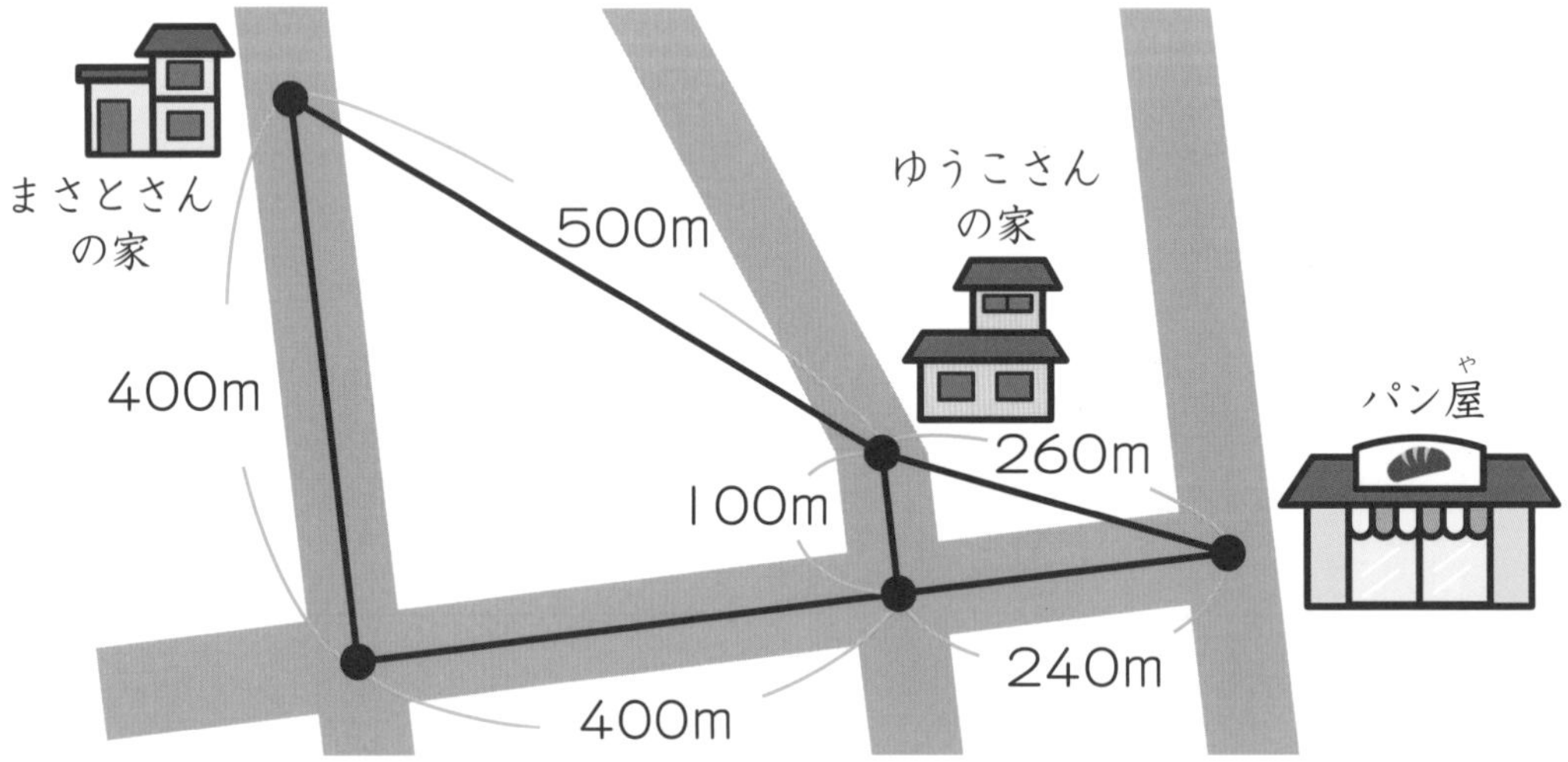

まさとさんの家
500m
ゆうこさんの家
400m
パン屋《や》
260m
100m
240m
400m

① ゆうこさんの家からパン屋《や》までの道のりは何mですか。

□

② ゆうこさんの家からまさとさんの家までのきょりは何mですか。

□

③ ゆうこさんの家からまさとさんの家までの道のりは何mですか。

□

算数

□月□日

10 長さ②

点

答え べっさつ3ページ

1 □にあてはまる数を書きましょう。1つ10点（60点），①②③完答

① 1700m＝□km□m

② 1060m＝□km□m

③ 2008m＝□km□m

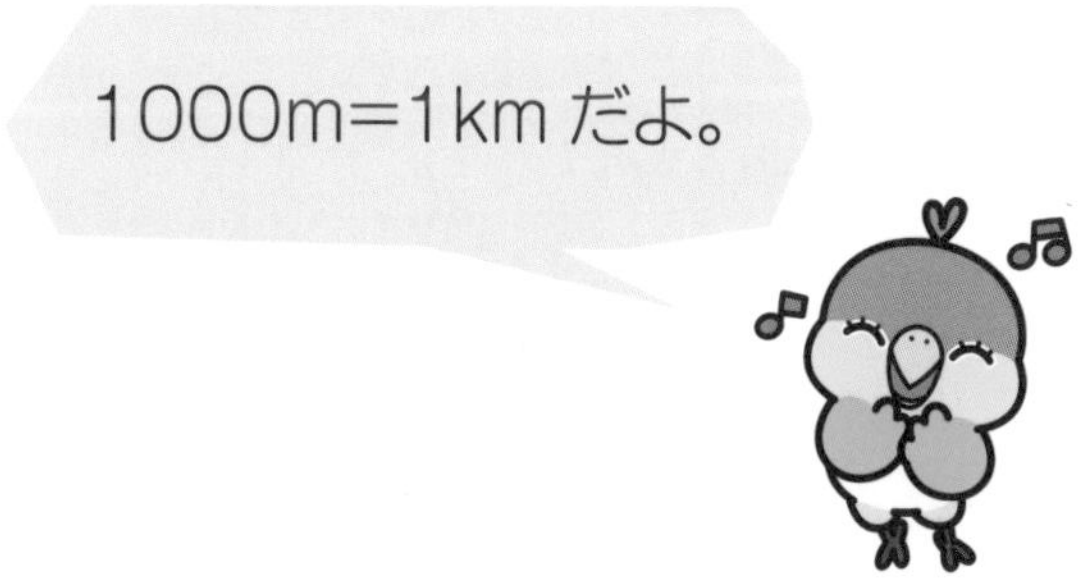

④ 2km300m＝□m

⑤ 1km80m＝□m

⑥ 1km513m＝□m

2 次《つぎ》の（　）にあてはまる長さのたんいを書きましょう。1つ10点（40点）

① プールのたての長さ　25（　　　）

② 牛にゅうパックの高さ　20（　　　）

③ キリンの体長　6（　　　）

④ ジョギングコースの道のり　3（　　　）

算数

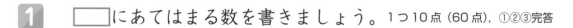

月　日

11 あまりのあるわり算①

点

答え べっさつ3ページ

1 りんごが14こあります。4人で同じ数ずつ分けると，1人分《ひとりぶん》は何こになって，何こあまりますか。式10点，答え10点（20点），答え完答

1人《ひとり》に2こずつ分けてみたぞ。まだ分けられそうだ。

[式《しき》]

[答え] 1人分《ひとりぶん》は □ こになって，□ こあまる。

2 おり紙が32まいあります。1人《ひとり》に6まいずつ分けると，何人に分けられて，何まいあまりますか。式10点，答え10点（20点），答え完答

[式《しき》]

[答え] □ 人に分けられて，□ まいあまる。

3 次《つぎ》の計算をしましょう。1つ10点（60点）

① 19÷2　　② 66÷7

③ 47÷6　　④ 43÷9

⑤ 61÷8　　⑥ 17÷5

月　日

12 あまりのあるわり算②

点

答え べっさつ3ページ

1 クッキーが35まいあります。1箱《はこ》に4まいずつクッキーを入れます。全部《ぜんぶ》のクッキーを入れるには，箱《はこ》は何箱《なんはこ》あればよいですか。

式10点，答え10点（20点）

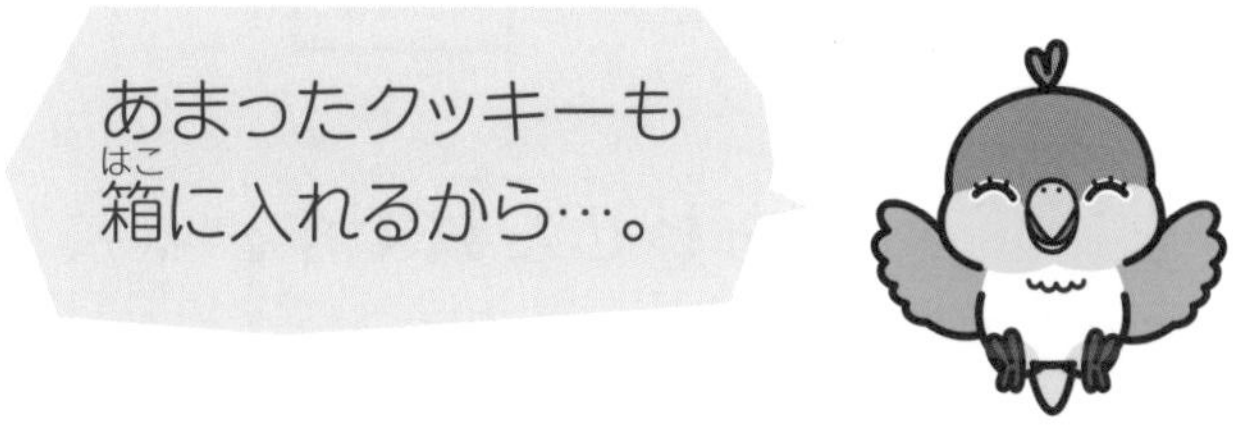
あまったクッキーも
箱《はこ》に入れるから…。

[式《しき》]

[答え]

2 83ページの本を，1日に9ページずつ読みます。全部《ぜんぶ》読み終《お》わるまでに何日かかりますか。式10点，答え10点（20点）

[式《しき》]

[答え]

3 りんごが45こあります。1箱《はこ》に6こずつ入れるとき，6こ入りの箱《はこ》は何箱《はこ》できますか。式15点，答え15点（30点）

[式《しき》]

[答え]

4 はばが25cmのたなに，あつさ3cmの本を立てていきます。本は何さつ立てられますか。式15点，答え15点（30点）

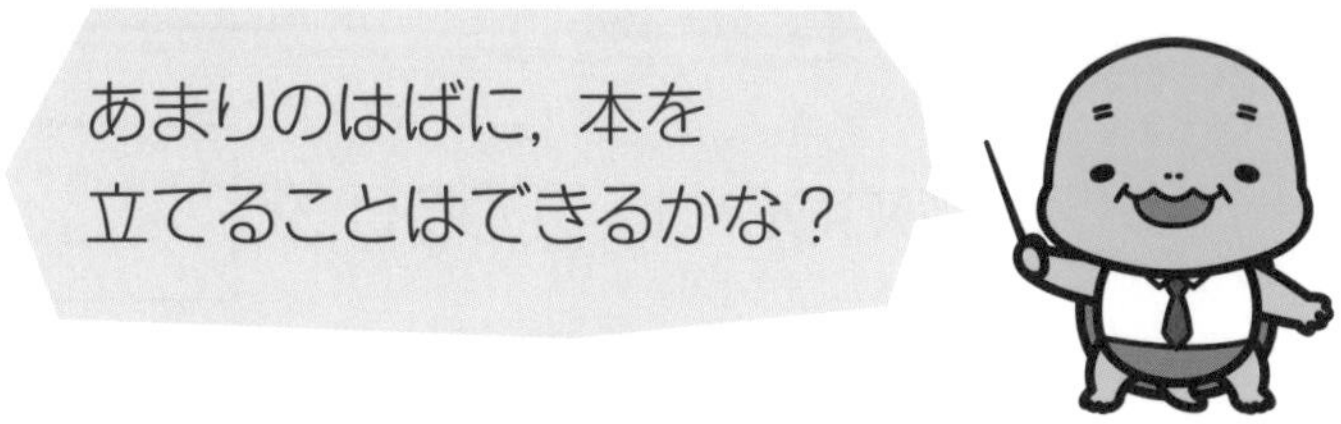
あまりのはばに，本を
立てることはできるかな？

[式《しき》]

[答え]

月　日

13 10000より大きい数①

点

答え べっさつ4ページ

1 □にあてはまる数を書きましょう。1つ15点（30点），①完答

① 21973は，一万を□こ，千を□こ，百を□こ，十を□こ，一を□こあわせた数です。

② 一万を6こ，百を7こ，十を4こあわせた数は□です。

2 数字で書きましょう。1つ15点（30点）

① 五千三百四万六千二百三十　□

② 三千二十五万四百五十一　□

3 □にあてはまる数を書きましょう。1つ10点（40点）

① 1000を37こ集《あつ》めた数は□です。

② 1000を520こ集《あつ》めた数は□です。

③ 23000は，1000を□こ集《あつ》めた数です。

④ 460000は，1000を□こ集《あつ》めた数です。

月　日

14　10000より大きい数②

点

答え　べっさつ4ページ

1　次《つぎ》の□にあてはまる数を書きましょう。1つ5点（20点）

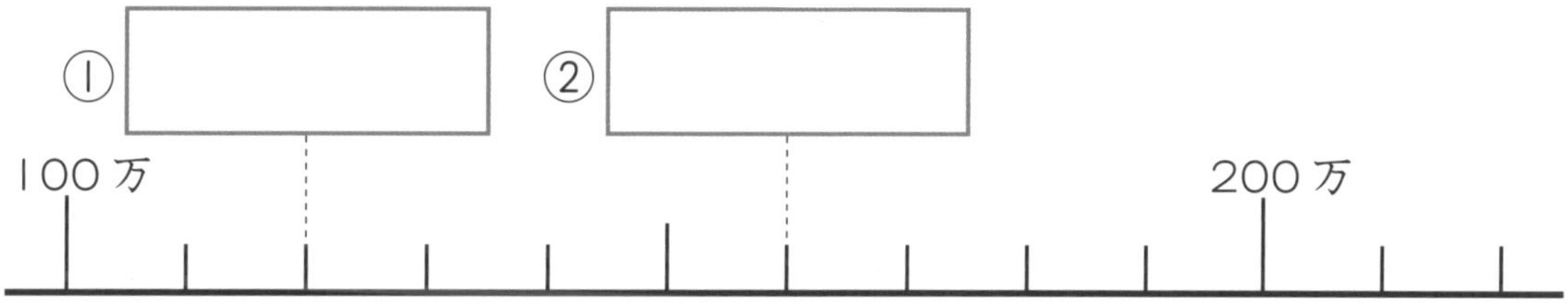

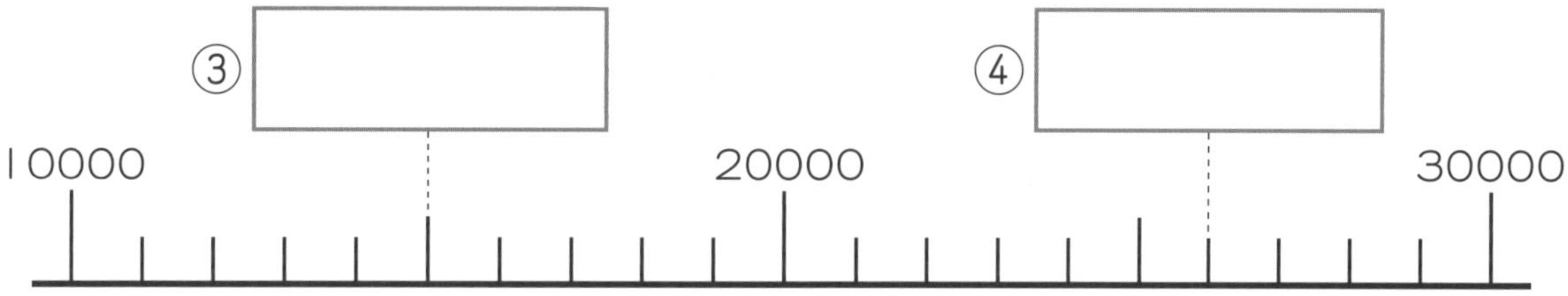

2　次《つぎ》の□にあてはまる等号《とうごう》，不等号《ふとうごう》を書きましょう。1つ10点（40点）

①　30000 □ 40000　　②　3000＋8000 □ 11000

③　400万 □ 900万－600万　　④　9000 □ 14000－6000

3　次《つぎ》の□にあてはまる数を書きましょう。1つ10点（40点）

①　610を10倍《ばい》した数は □ です。

②　610を100倍《ばい》した数は □ です。

③　610を1000倍《ばい》した数は □ です。

④　610を10でわった数は □ です。

15 まとめ問題①

かけ算，時こくと時間，わり算

点

答え べっさつ4ページ

1 次《つぎ》の計算をしましょう。1つ8点（32点）

① 8×7　　② 6×10

③ 13×8　　④ 9×0

2 次《つぎ》の時こくをもとめましょう。1つ10点（20点）

① 9時20分から40分後の時こく

② 10時5分から30分前の時こく

3 次《つぎ》の計算をしましょう。1つ8点（48点）

① $56\div7$　　② $20\div4$

③ $63\div9$　　④ $24\div6$

⑤ $0\div9$　　⑥ $8\div8$

16 まとめ問題②

たし算とひき算の筆算《ひっさん》，長さ

点

答え べっさつ5ページ

1 次《つぎ》の計算を筆算《ひっさん》でしましょう。1つ10点（60点）

①
$$\begin{array}{r} 319 \\ +\ 458 \\ \hline \end{array}$$

②
$$\begin{array}{r} 268 \\ +\ \ 75 \\ \hline \end{array}$$

③
$$\begin{array}{r} 3847 \\ +\ 4386 \\ \hline \end{array}$$

④
$$\begin{array}{r} 671 \\ -\ 184 \\ \hline \end{array}$$

⑤
$$\begin{array}{r} 4732 \\ -\ 1837 \\ \hline \end{array}$$

⑥
$$\begin{array}{r} 7192 \\ -\ \ 318 \\ \hline \end{array}$$

2 下の地図を見て答えましょう。1つ20点（40点），②完答

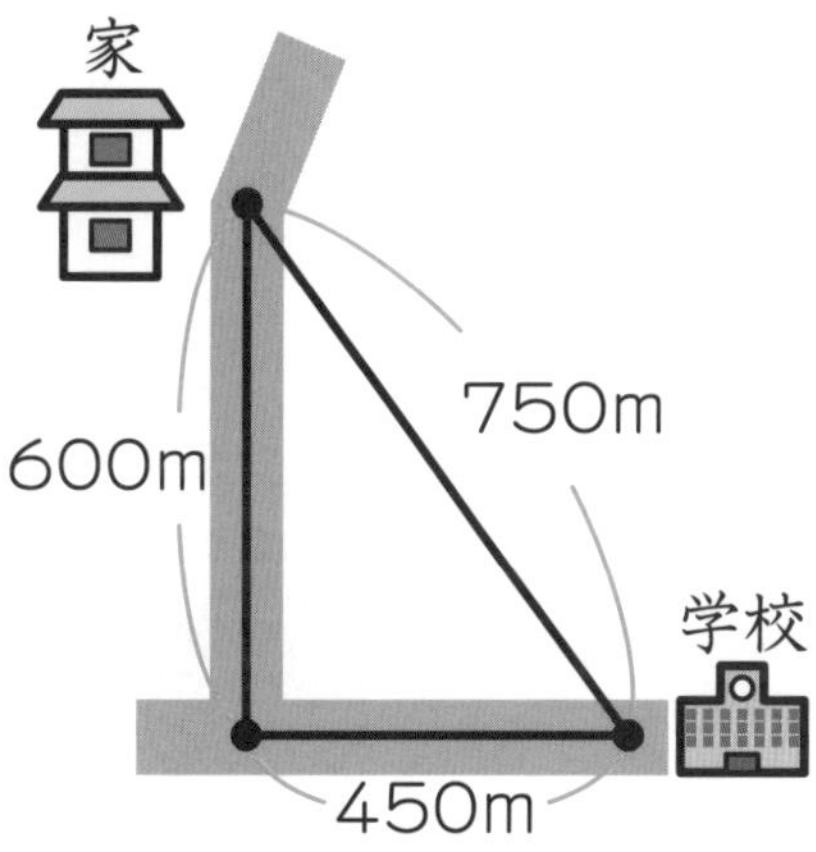

① 家から学校までのきょりは何mですか。

□

② 家から学校までの道のりは何mですか。
また，何km何mですか。

□

□

月　日

17 まとめ問題③

あまりのあるわり算，10000 より大きい数

点

答え べっさつ5ページ

1 次《つぎ》の計算をしましょう。1つ8点（48点）

① 53÷6　　② 17÷3

③ 39÷4　　④ 47÷8

⑤ 67÷9　　⑥ 26÷7

2 ケーキが41こあります。1箱《はこ》に6こずつケーキを入れていきます。全部《ぜんぶ》のケーキを入れるには，箱《はこ》は何箱《なんはこ》あればよいですか。

式10点，答え10点（20点）

[式《しき》]

[答え]

3 27000はどんな数ですか。□にあてはまる数を書きましょう。

1つ8点（32点）

① 30000より□小さい数

② 20000と□をあわせた数

③ 1000を□こ集《あつ》めた数

④ 270を□倍《ばい》した数

算数

チャ太郎ドリル　夏休み編

小学3年生

えい語

1 アルファベット大文字①

A〜I

答え べっさつ5ページ

絵の中にA《エイ》 B《ビー》 C《スィー》 D《ディー》 E《イー》 F《エふ》 G《ヂー》 H《エイチ》 I《アイ》の
アルファベットがかくれているよ。さがしてみよう！

Let's try!

1 次《つぎ》のアルファベットは絵の中にいくつありますか。数字を書きましょう。

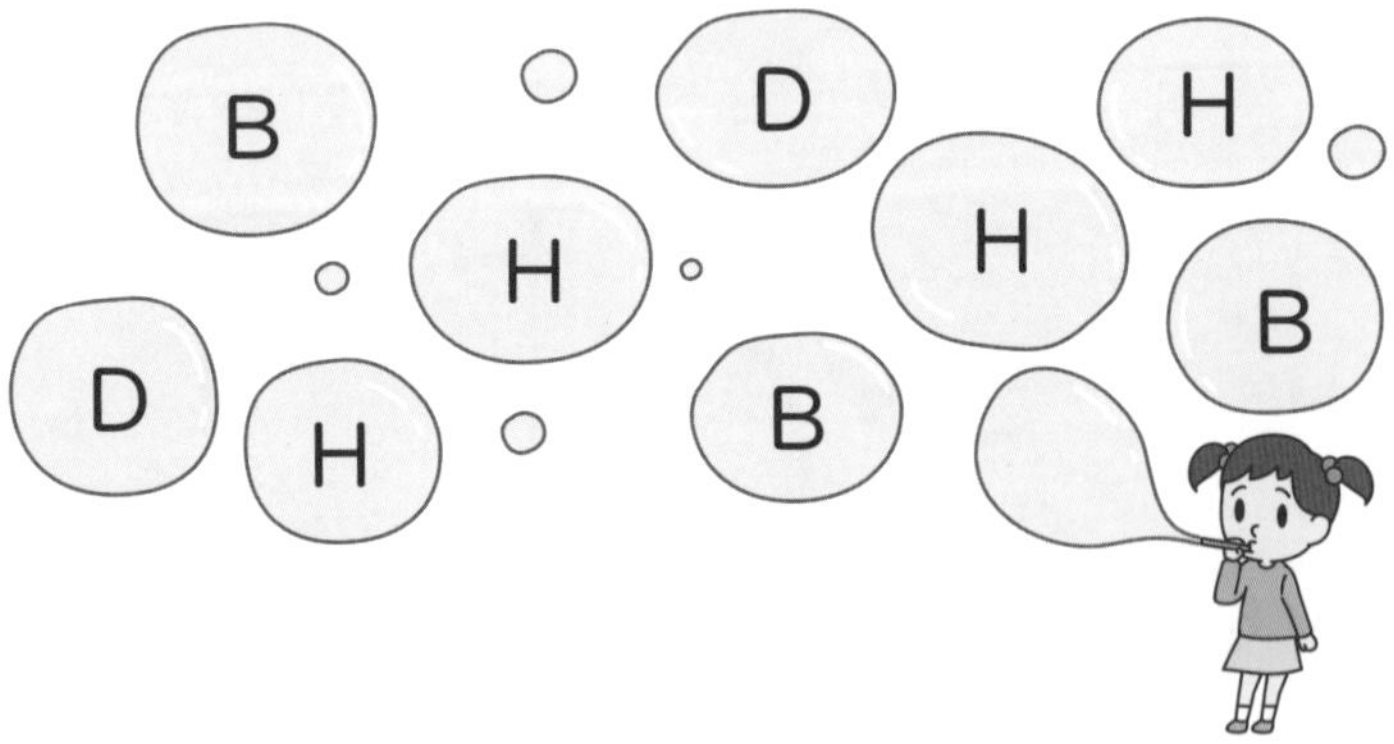

① D（　　　　）こ
② H（　　　　）こ
③ B（　　　　）こ

2 次《つぎ》の絵の中にある，１つだけちがうアルファベットに○をつけましょう。

①

②

月　日

2 アルファベット大文字②

J～R

答え べっさつ5ページ

絵の中にJ《ヂェイ》K《ケイ》L《エる》M《エム》N《エン》O《オウ》P《ピー》Q《キュー》R《アー》の
アルファベットがかくれているぞ。全部《ぜんぶ》見つけるのだ！

Let's try!

1 スタートからゴールまで，アルファベットじゅんに線でむすびましょう。

スタート

J	K	R	O	P
P	L	M	N	Q
Q	M	K	O	R

ゴール

2 次《つぎ》の絵のK，N，Rのマスをぬりつぶしましょう。

何の動物《どうぶつ》が
かくれているかな？

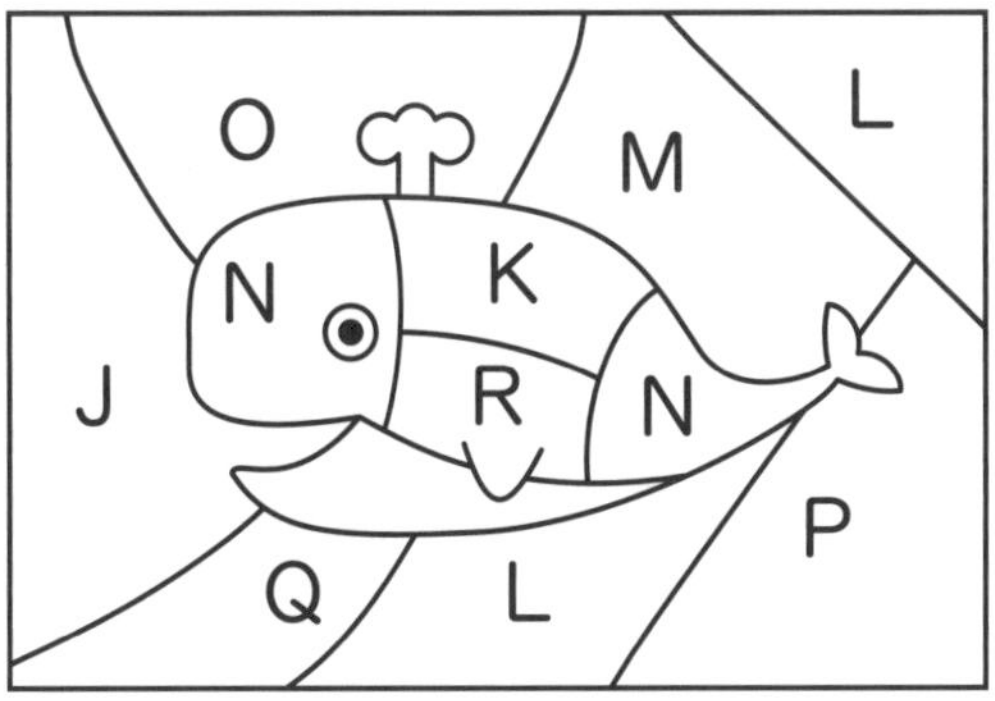

えい語

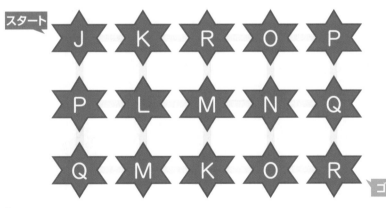

3 アルファベット大文字③
S～Z

答え べっさつ6ページ

絵の中にS《エス》 T《ティー》 U《ユー》 V《ヴィー》 W《ダブリュー》 X《エクス》 Y《ワイ》 Z《ズィー》の
アルファベットがかくれているよ。全部《ぜんぶ》で8こあるよ。

Let's try!

1 アルファベットができるように，上下のパズルを組み合わせて，線でむすびましょう。

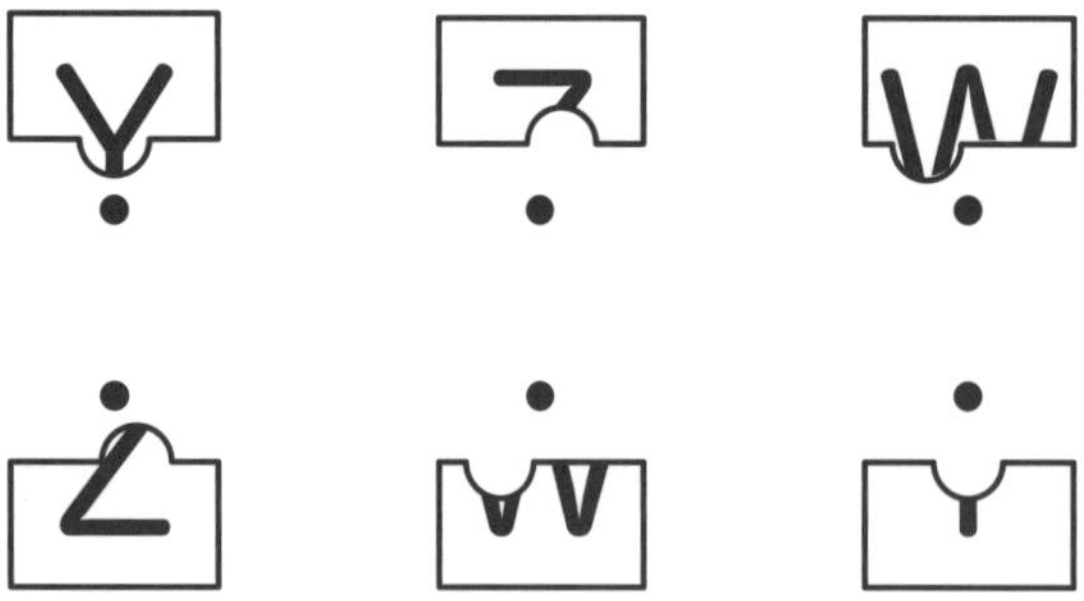

W，Y，Zになるように
パズルを組み合わせてね。

2 S～Zまでをアルファベットじゅんに線でむすんで，絵をかんせいさせましょう。

みんなが知っている
あの生《い》き物《もの》だぞ。

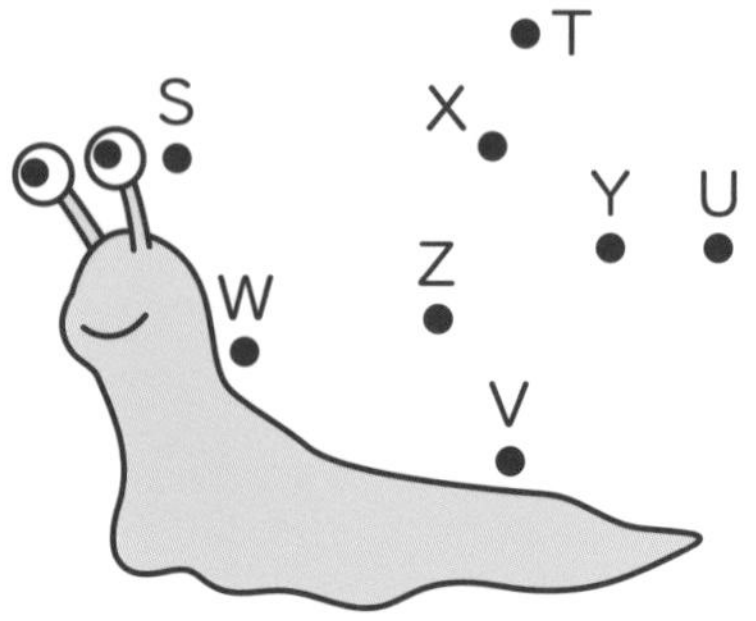

月　日

4 アルファベット小文字①

a～i

答え べっさつ6ページ

絵の中にa《エイ》 b《ビー》 c《スィー》 d《ディー》 e《イー》 f《エふ》 g《ヂー》 h《エイチ》 i《アイ》のアルファベットがかくれているよ。全部《ぜんぶ》さがしてみてね。

Let's try!

1 スタートからゴールまで，アルファベットじゅんに線でむすびましょう。

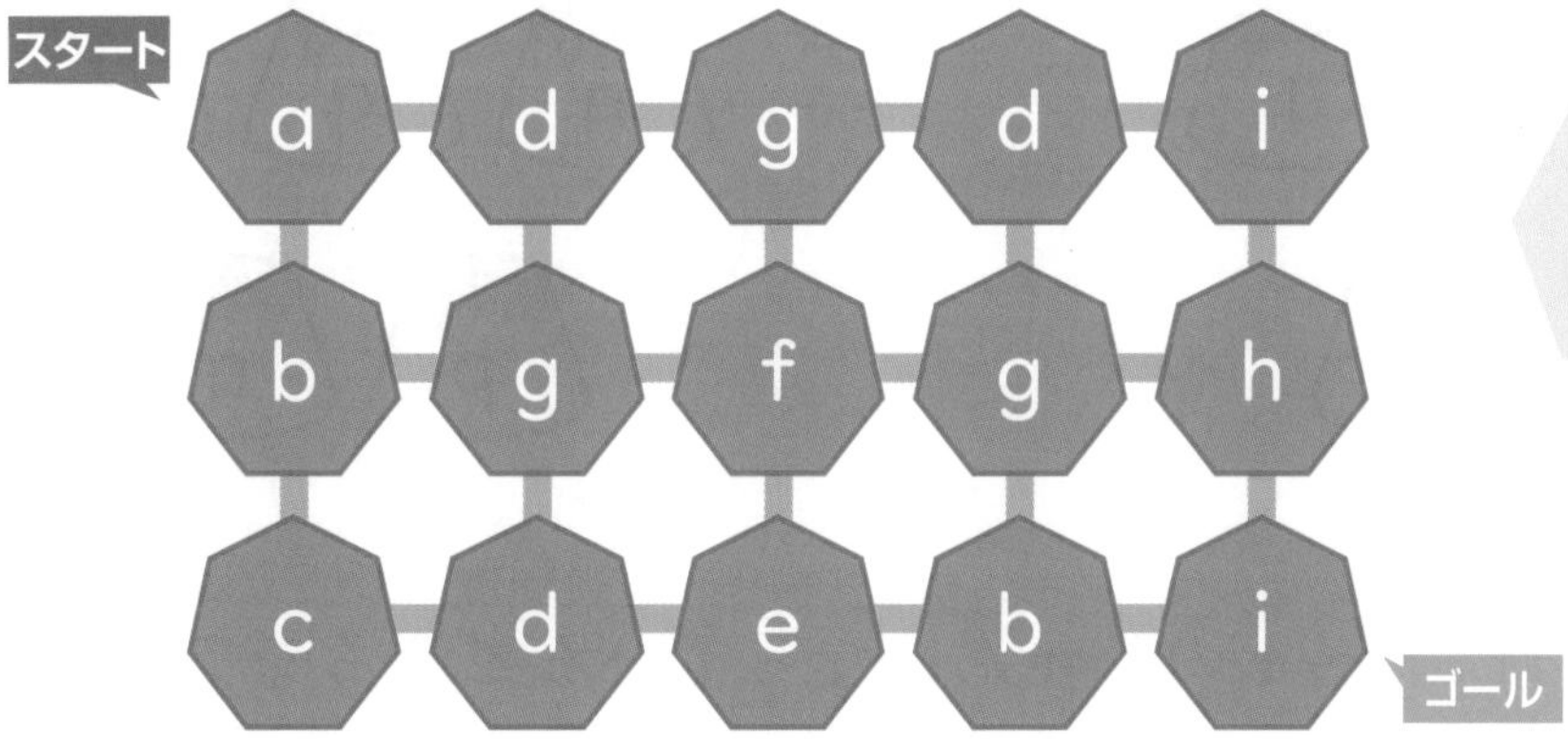

スタート
a d g d i
b g f g h
c d e b i
ゴール

a～iのじゅんに
線でむすぶのだ！

2 アルファベットのカードがならんでいます。a～gまでの中にないカードを1まい見つけて，○をつけましょう。

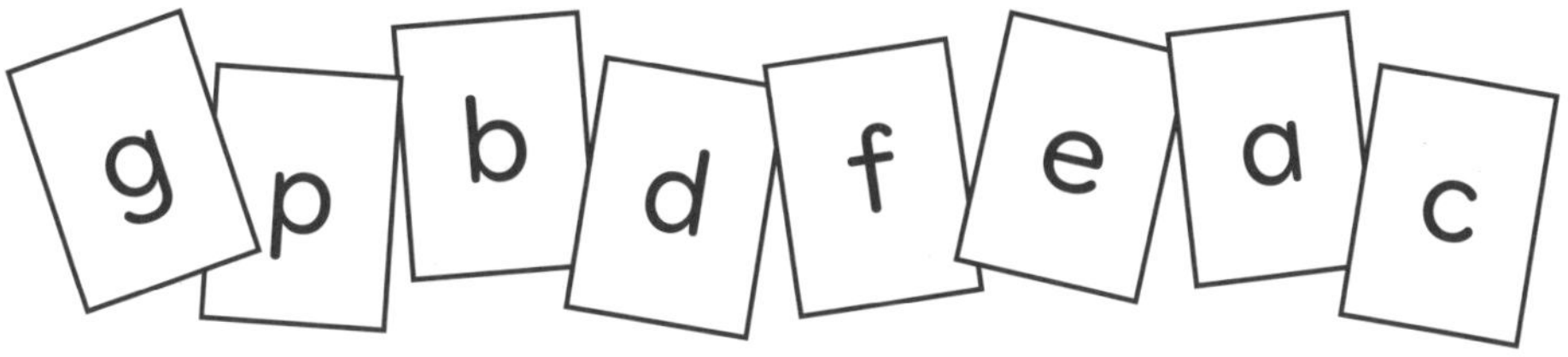

g p b d f e a c

月　日

5 アルファベット小文字②

j~r

答え べっさつ6ページ

絵の中にj《ヂェイ》 k《ケイ》 l《エる》 m《エム》 n《エン》 o《オウ》 p《ピー》 q《キュー》 r《アー》の

アルファベットがかくれているよ。見つけられるかな?

Let's try!

1 次《つぎ》の絵の中にある，１つだけちがうアルファベットに○をつけましょう。

① l　j　l　l　l

② q　q　q　p　q

2 次《つぎ》の表《ひょう》でj～m，n～rのじゅんになっているところを２つずつさがして，○でかこみましょう。

j	n	★	n	o	p	q	r
k	k	o	j	k	★	j	k
r	n	l	p	q	r	k	n
o	★	k	m	n	o	l	q
n	o	p	q	r	l	m	j
l	m	j	o	p	n	r	★

月　日

6 アルファベット小文字③

s〜z

答え べっさつ6ページ

絵の中にs《エス》 t《ティー》 u《ユー》 v《ヴィー》 w《ダブリュー》 x《エクス》 y《ワイ》 z《ズィー》の

アルファベットがかくれているぞ。8こすべて見つけるのだ！

Let's try!

1 次《つぎ》のアルファベットのカードは何まいありますか。数字を書きましょう。

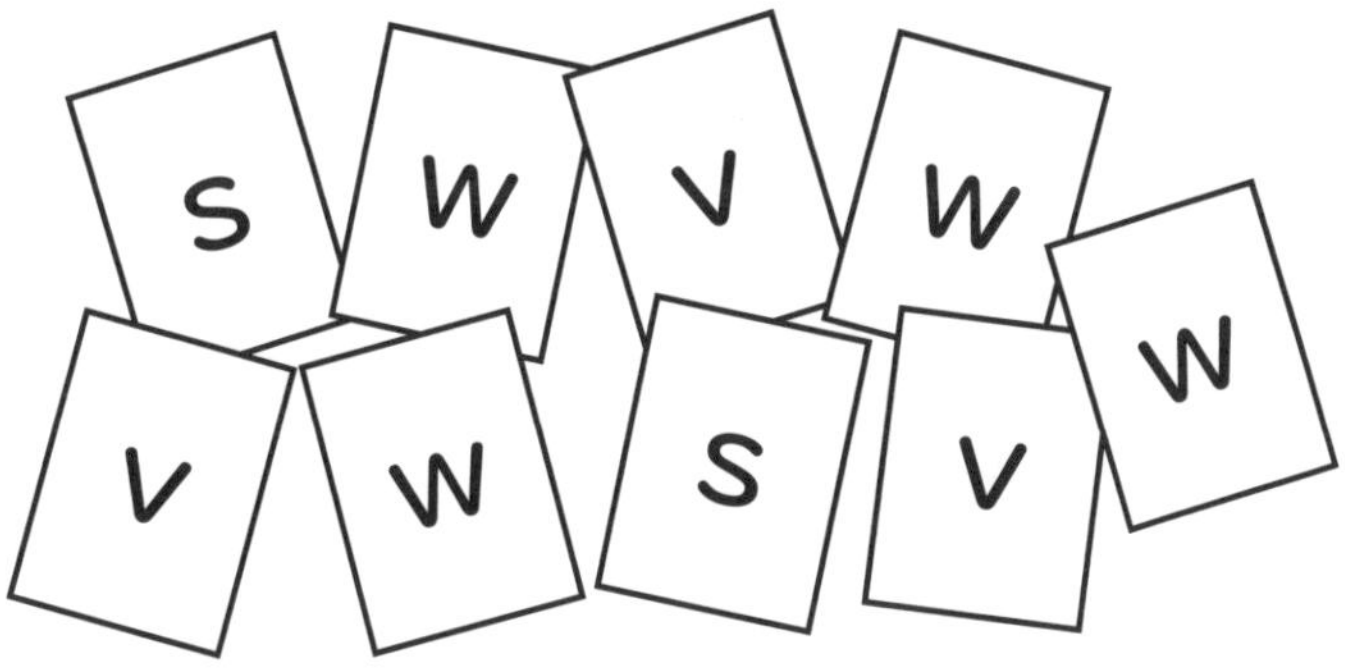

① v（　　　　）まい

② w（　　　　）まい

③ s（　　　　）まい

2 次《つぎ》の絵のu，x，yのマスをぬりつぶしましょう。

何の乗《の》り物《もの》が
かくれているかな？

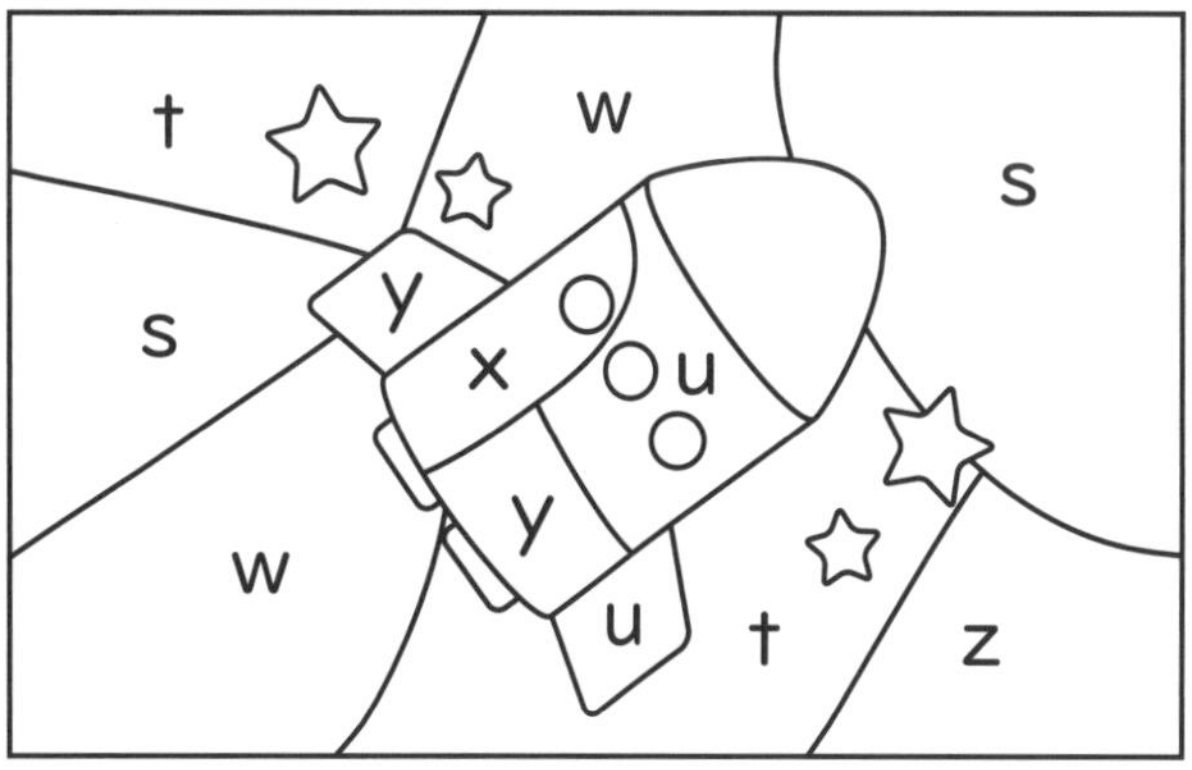

7 気持ち・様子

気持ちや様子を表すえい語は何というかな？

答え べっさつ7ページ

fine《ふァイン》
元気な
sleepy《スリーピ》
ねむい
tired《タイアド》
つかれた
sad《サあッド》
かなしい
hungry《ハングリ》
空ふくの
happy《ハあピ》
うれしい

きみは今，どんな気持《きも》ちかな?
ぼくは **hungry** だよ！

えい語

Let's try!

1 次《つぎ》のたん語に合う絵をえらんで，記号《きごう》で答えましょう。

① sleepy　（　　　　）　② fine　（　　　　）　③ sad　（　　　　）

ア 
イ 
ウ 

2 次《つぎ》の絵に合うたん語を表《ひょう》からさがして，○でかこみましょう。

① 
つかれた…。

② 
うれしい！

h	u	n	s	m	n
a	g	i	o	e	d
p	a	h	f	i	n
p	t	i	r	e	d
y	i	h	a	l	f
d	e	r	s	l	b

たてか横《よこ》で
さがすのだ！

月　日

8 形

形を表すえい語は何というかな？

答え べっさつ7ページ

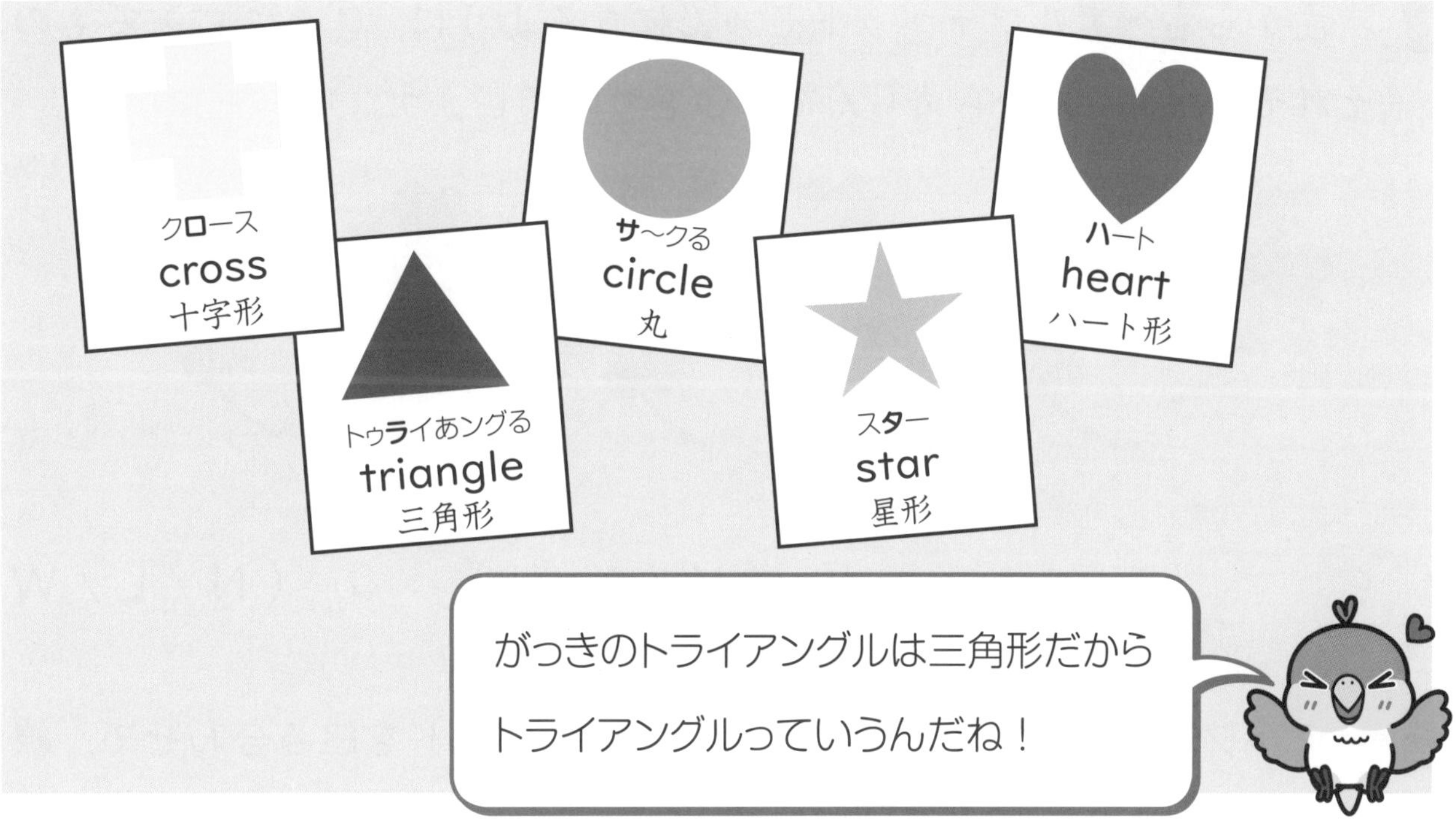

cross《クロース》
十字形
triangle《トゥライあングる》
三角形
circle《サ～クる》
丸
star《スター》
星形
heart《ハート》
ハート形
がっきのトライアングルは三角形だから
トライアングルっていうんだね！

Let's try!

1 次《つぎ》のたん語が表《あらわ》す形は，絵の中にいくつありますか。数字を書きましょう。

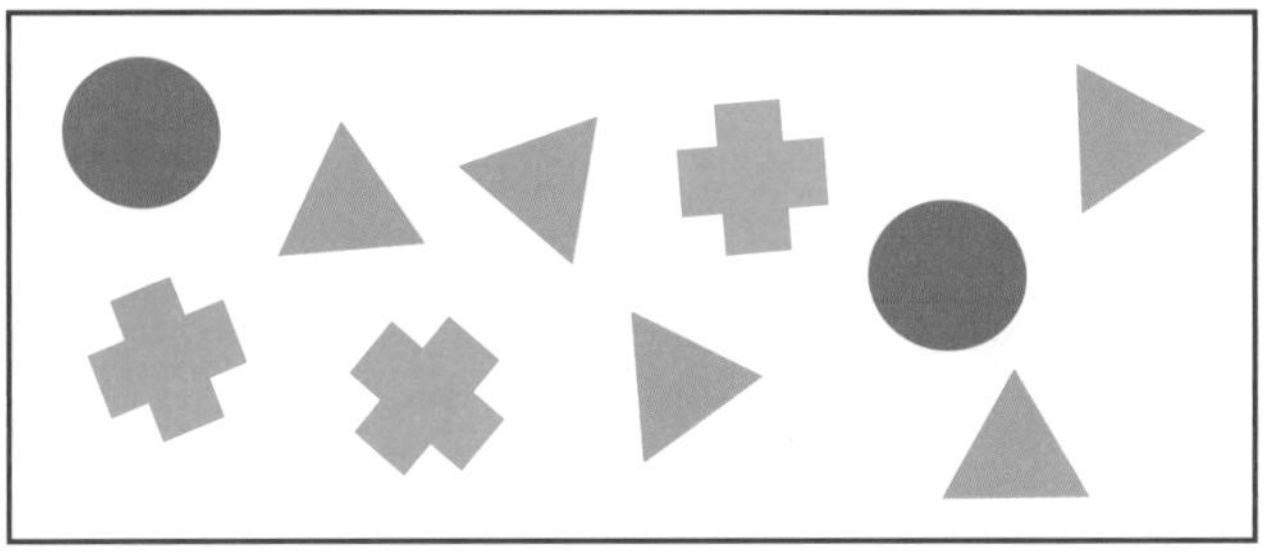

① triangle

(　　　　　)こ

② cross

(　　　　　)こ

2 次《つぎ》のたん語が表《あらわ》す形をかきましょう。

① heart　② circle　③ star

まとめ問題①
アルファベット大文字

月　日

点

答え べっさつ7ページ

1 左から右へアルファベットじゅんになるように，①と②に入るものをそれぞれ（　　）からえらんで，○をつけましょう。1つ10点（20点）

① （Y / A / J）　② （N / L / W）

2 アルファベットができるように，上下のカードを組み合わせて，線でむすびましょう。1つ10点（40点）

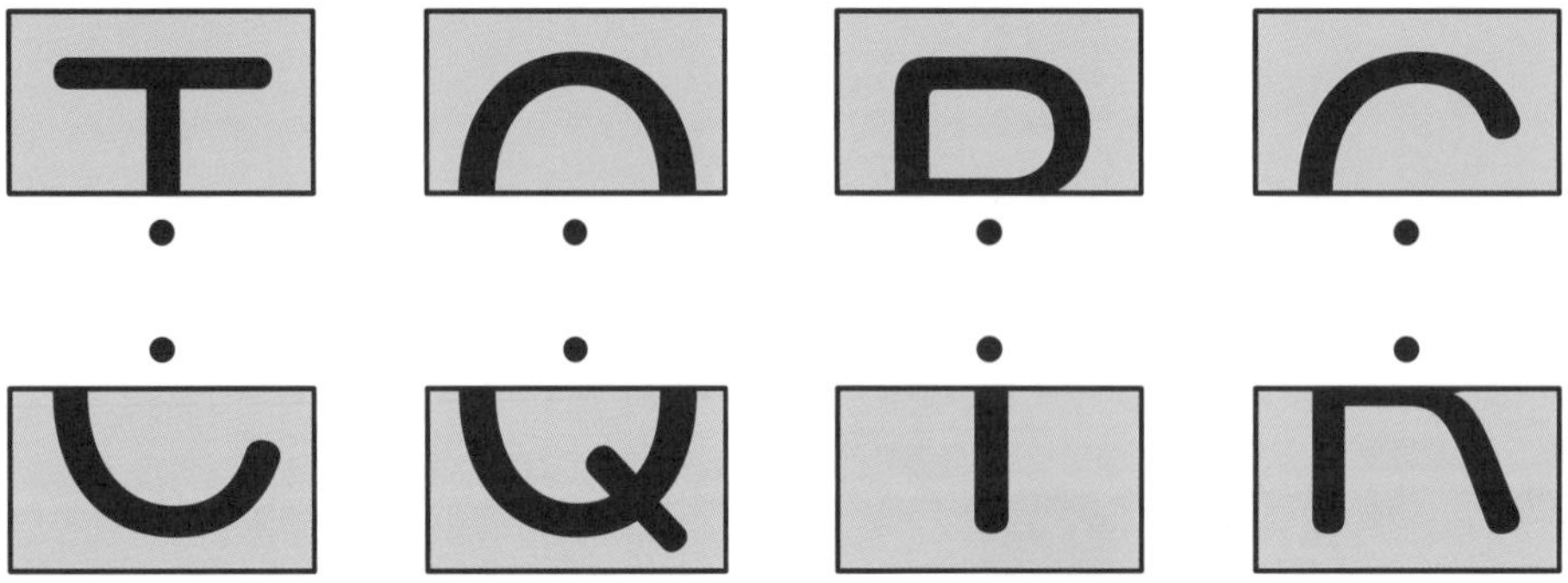

3 絵の中にあるアルファベットには○を，ないものには×を書きましょう。

1つ10点（40点）

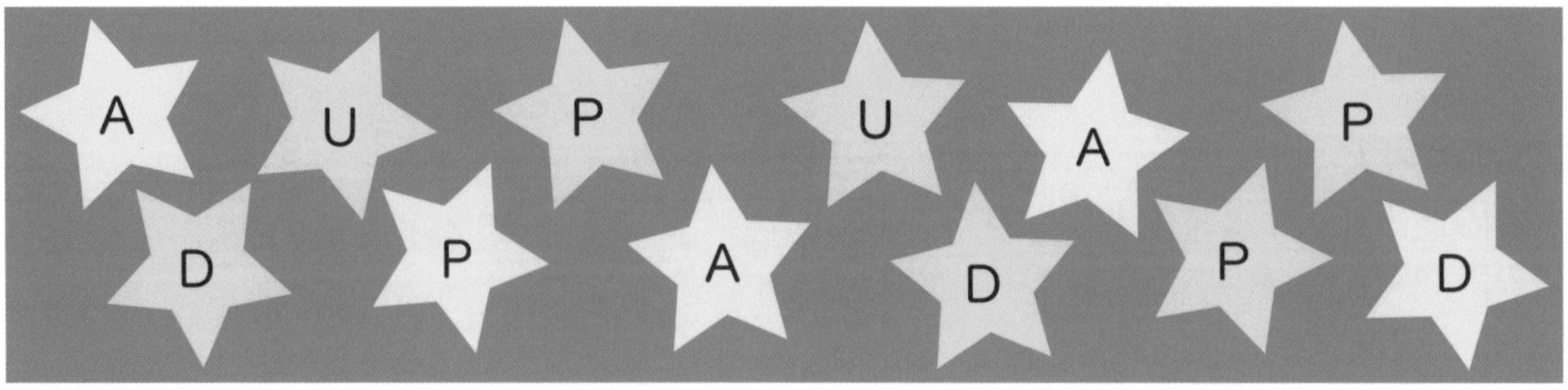

① P（　　　　）　② V（　　　　）

③ A（　　　　）　④ B（　　　　）

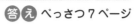

月　日

10 まとめ問題②
アルファベット小文字

点

答え べっさつ7ページ

1 次《つぎ》の表《ひょう》でp～uのじゅんになっているところを3つさがして，〇でかこみましょう。1つ10点（30点）

p	p	s	b	v	y	j	u	p	q
f	t	q	p	w	a	s	t	q	z
o	p	q	r	s	t	u	v	r	m
q	f	c	n	s	x	e	d	s	p
l	t	y	h	x	t	v	i	t	q
e	d	q	r	s	t	u	m	u	f
b	s	t	v	y	o	w	n	o	l

たて，横《よこ》，ななめでさがすのだ！

2 アルファベットの大文字と小文字が書かれたボールがまざっています。小文字が書かれたボールに〇をつけましょう。1つ10点（30点）

小文字は3つあるよ。

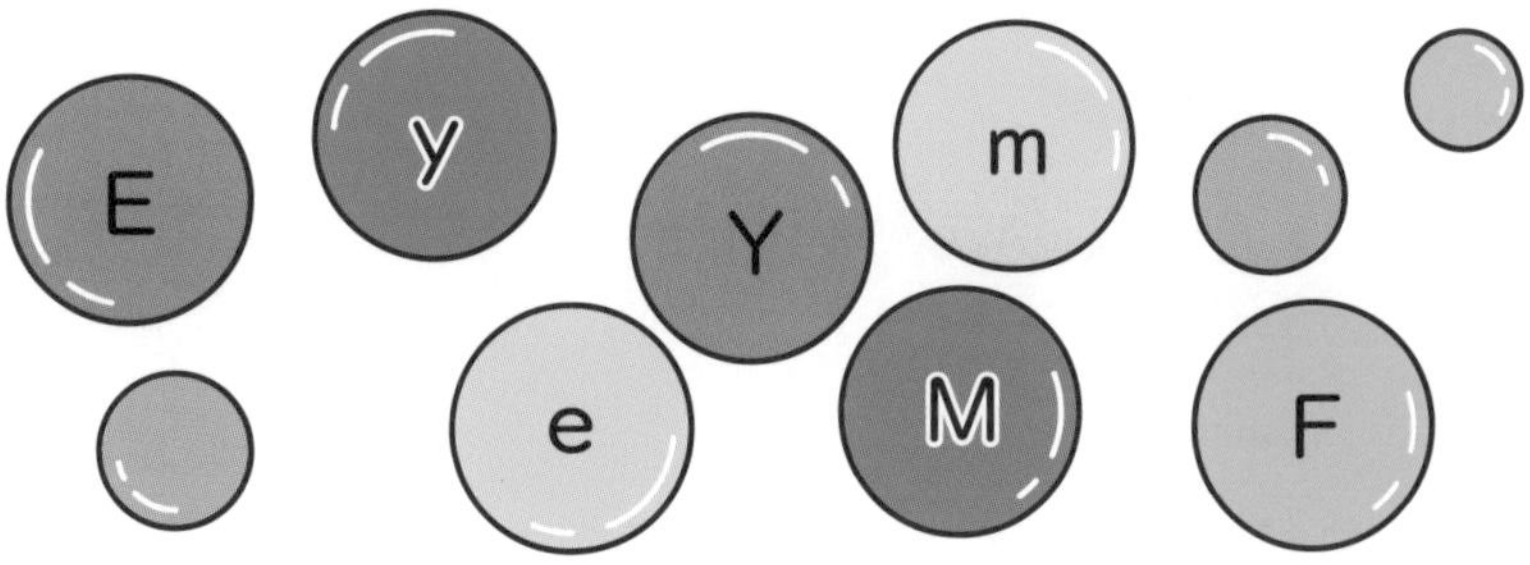

3 次《つぎ》のアルファベットは絵の中にいくつありますか。数字を書きましょう。

1つ10点（40点）

① b（　　　）こ　② g（　　　）こ

③ n（　　　）こ　④ x（　　　）こ

月　日

11 まとめ問題③
気持ち・様子，形

点

答え べっさつ8ページ

1 次《つぎ》の絵に合うたん語を線でむすびましょう。1つ15点（60点）

① 

・　　　　　・tired

② 

・　　　　　・star

③ 
・　　　　　・hungry

④ 
・　　　　　・circle

2 次《つぎ》の絵に合うたん語になるように，①，②に入るアルファベットをそれぞれ（　　）からえらんで，○をつけましょう。1つ20点（40点）

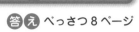

		f				s	
t	r	①	a	n	g	②	e
		n				e	
		e				e	
						p	
						y	

①（u / o / i）　②（l / i / r）

17 文章《ぶんしょう》を読む ⑤

点

国語

答え べっさつ8ページ

月　日

●次《つぎ》の文章《ぶんしょう》を読んで、あとの問《と》いに答えましょう。

アサガオのつる、つまり茎《くき》は、いったん棒《ぼう》などにまきつくと、あとは棒を中心に、上から見て左まきのらせんをえがきながら、上へのびていきます。

このまき上がり運動《うんどう》は、二つの運動がくみあわさったものです。そのひとつは、茎が棒にふれると、ふれた反《はん》対側《たいがわ》がより多く生長する、まきつき運動です。もうひとつは、茎が上へのびようとする運動です。

つるには、下向《したむ》きに細い毛がたくさんはえています。つるが、棒からずり落《お》ちないように役立《やくだ》っているのです。

（清水《しみず》 清《きよし》「植物《しょくぶつ》は動《うご》いている」）

---

(1) ――線の一文は、なんという運動《うんどう》のことですか。文章中《ぶんしょうちゅう》から五字でぬき出しましょう。(30点)

□□□□□運動《うんどう》

(2) つるにたくさん下向《したむ》きに細い毛がはえているのは、なぜですか。次《つぎ》から一つえらび、記号《きごう》で答えましょう。(30点)

ア つるが左まきのらせんをえがけるようにするため。

イ つるが生長して下にのびるようにするため。

ウ つるが棒《ぼう》からずり落《お》ちないようにするため。

（　　）

(3) この文章《ぶんしょう》は何についてのべていますか。次《つぎ》の□にあてはまる言葉《ことば》を、文章中《ぶんしょうちゅう》から七字でぬき出しましょう。(40点)

□の、のび方とつくりについて。

□□□□□□□

月　　日

点

答《こた》えべっさつ9ページ

●次《つぎ》の文章《ぶんしょう》を読んで、あとの問《と》いに答えましょう。

〔自分のしっぱいで全校《ぜんこう》なわとび大会のクラス記録《きろく》が0回になったエミリは、学校の流《なが》しで顔をあらっていた。〕

「エミリさん！」

とつぜん、悲鳴《ひめい》みたいな声が聞こえた。

「エミリさんは、のろまのわたしに、ドンマイって、何《なん》度《ど》も、何度も、いってくれたでしょっ」

若林亜紀美《わかばやしあきみ》だった。

「わたし、だから、何度ドジっても、がんばってきたんだよ。カッコ悪《わる》いの、自分でいちばんよくわかってたけど、がんばってきたんだよ」

声がぶるぶるふるえていた。

「今日《きょう》だって、さいしょに引っかかるのは、ぜったいわたしだって、わかってたから、休もうかなって、思ってたんだよ。逃《に》げたかったけど、だけど、3ー1のみんなは、本気でドンマイっていってくれてるんだって、そのきもち信《しん》じて飛《と》ぼうって、決心《けっしん》して、休まなかったんだよ」

エミリが水となみだでぐちゃぐちゃの顔のままそろりとふり向《む》いて、びっくりしたように亜紀美を見つめていた。

ぼくらも、しんとなって、亜紀美のことばを聞いていた。

「エミリさん、□だよ！　個人戦《こじんせん》、ファイトだよ！」

（後藤《ごとう》竜二《りゅうじ》「ドンマイ！」）

(1)　＝線「悲鳴《ひめい》みたいな声」「声がぶるぶるふるえていた」からわかる亜紀美《あきみ》の様子《ようす》を、記号《きごう》で答えましょう。（30点）

ア　はらが立つ　**イ**　おびえている

ウ　一生けんめい

（　　）

(2)　―線「水となみだでぐちゃぐちゃの顔」だったのはなぜですか。記号《きごう》で答えましょう。（30点）

ア　ないている顔を見せないために、あらっていたから。

イ　亜紀美《あきみ》のことばがうれしくて、ないてしまったから。

ウ　ないているふりをしようと、顔をぬらしていたから。

（　　）

(3)　□にあてはまる亜紀美《あきみ》がエミリにつたえたかった言葉《ことば》を、□より前の文章中《ぶんしょうちゅう》から四字でぬき出しましょう。（40点）

●次《つぎ》の詩《し》を読んで、あとの問《と》いに答えましょう。

□をあげよう
間所《まどころ》　ひさこ

いらっしゃい。
秋のなかを駆《か》けて
いらっしゃい。

コスモスのはなをあげよう。
両《りょう》うでいっぱいの
とびきり大きな花束《はなたば》を
つくってあげよう。

夏が去《さ》るのはさびしいと
いつか　あなたはいったっけ
きんのひまわりが錆《さ》びる
水着《みずぎ》のあとが消《き》える
海が遠くにいって
しまうって——。

でも、いらっしゃい。
はやくいらっしゃい。
コスモスのはなが
咲《さ》いたから。

（①）にさよならばか
りいわないで
（②）にこんにちはも
しましょうよ。
さあ、コスモスの花火を
あげて
秋をいっしょに
祝《いわ》いましょうよ。

(1) 題名《だいめい》の□にあてはまる言葉《ことば》は何ですか。次《つぎ》から一つえらび、記号《きごう》で答《こた》えましょう。(30点)

ア コスモス　**イ** ひまわり　**ウ** 花火

（　　）

(2) （　）には、きせつを表《あらわ》す一語が入ります。詩《し》の中からそれぞれぬき出しましょう。一つ20点(40点)

① □　② □

(3) 作者《さくしゃ》から「あなた」へのどんな気持《きも》ちが読み取《と》れますか。次《つぎ》から一つえらび、記号《きごう》で答えましょう。(30点)

ア さみしさをなぐさめてあげたいという気持《きも》ち。
イ 秋をすきになってもらおうとあせる気持《きも》ち。
ウ いっしょに秋を楽しみたいという気持《きも》ち。

（　　）

14 漢字《かんじ》の組み立て

月　日

点

答え べっさつ9ページ

1

次《つぎ》の〔　〕の中の漢字《かんじ》について、あとの問《と》いに答えましょう。

(1) 次の漢字《かんじ》の「へん」は何ですか。それぞれあてはまる□に、分るいして書きましょう。

一つ10点（40点）、各完答《かくかんとう》

〔板　係　油　話
詩　林　住　池〕

言（ごんべん）……□

木（きへん）……□

亻（にんべん）……□

氵（さんずい）……□

(2) ごんべん・きへん・にんべん・さんずいのついた漢字《かんじ》は、それぞれ何にかん係《けい》がありますか。あとから一つずつえらび、記号《きごう》で答えましょう。

一つ10点（40点）

① ごんべん〔　〕

② きへん〔　〕

③ にんべん〔　〕

④ さんずい〔　〕

ア 人　**イ** 水　**ウ** 言葉《ことば》　**エ** 木

2

同じ「つくり」の漢字《かんじ》を――でつなぎましょう。

一つ10点（20点）

顔・　　・助

動・　　・頭

13 三年生の漢字《かんじ》⑤

点

国語

月　日

答え　べっさつ9ページ

1 次《つぎ》の——線の漢字《かんじ》の読みを（　）に書きましょう。　一つ10点（50点）

① 友人に真実を話す。（　　）

② 人気のある商品が、たなにならぶ。（　　）

③ 先のことは、全く心配《しんぱい》していない。（　　）

④ 黒板の字をきれいに消《け》す。（　　）

⑤ 大きな氷山がくずれる。（　　）

2 次《つぎ》の□に漢字《かんじ》を書きましょう。　一つ10点（50点）

① 習字《しゅうじ》の手本を□《うつ》す。

② 大きな声で□《はっ》□《げん》しよう。

③ すきな□《よう》□《ふく》をえらぶ。

④ 休み時間が□《お》わる。

⑤ 落《お》とし物《もの》を□《ひろ》った。

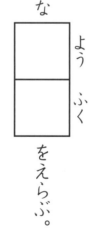

月　日

点

答え べっさつ10ページ

●次《つぎ》の文章《ぶんしょう》を読んで、あとの問《と》いに答えましょう。

〔オオカミのガブとヒツジのメイは、大雨の中でかくれ場所《ばしょ》をさがしており、メイがガブに話しかけている。〕

「気をつけてくださいよ。雨で、岩がぬるぬるしてますから。」

「そうっすね。川におちたら、この、すごいながれだ。あっというまに、ながされちまう。」

と、そのときだ。

黒雲の中で、いなずまが、にぶく光った。

「ひっ。」

そのひょうしに、メイがあしをすべらせた。

「あぶない！」

ガブが、とっさにささえる。

しかし、ガブの足場も、すべりやすい岩の上だ。

「うぐぐ……。」

「むむむう。」

二ひきは、ひっしにあいてをささえあい、ふんばった。

ドウッと、やっとの思いで、川原《かわら》にしりもちをついた。

二ひきが、目を合わせる。ぬれてつめたくなったからだに、たったいま、ともだちのぬくもりをかんじた。

それは、ほっとするあたたかさだった。

（きむらゆういち「完全版《かんぜんばん》　あらしのよるに」）

(1) ――線「メイがあしをすべらせた」のはなぜですか。あてはまらないものを次から一つえらび、記号《きごう》で答えましょう。(20点)　〔　　〕

ア オオカミのガブからにげようとしたから。

イ 雨にぬれた岩がぬるぬるしていたから。

ウ いなずまが光って、おどろいたから。

(2) ガブとメイの二ひきはどんなかん係《けい》ですか。次の文の□にあてはまる言葉《ことば》を、文章中《ぶんしょうちゅう》から①は三字、②は四字でぬき出しましょう。一つ40点（80点）

おたがいに［①］あう、［②］。

①

②

11 符《ふ》号《ごう》

点

月　日

答え べっさつ10ページ

国語

1 次《つぎ》の文に、それぞれ読点《とうてん》（、）を一つ書き入れましょう。 一つ10点（30点）

① 弟は　庭《にわ》で　ボールを　投《な》げ　わたしは　部屋《へや》で　テレビを　見ました。

② 休けいを　してから　山を　おりました。

③ 急《いそ》ぐと　わすれものを　するので　落《お》ち着《つ》いて　用意《ようい》を　しよう。

2 次の文章《ぶんしょう》に、句点《くてん》（。）を二つ書き入れましょう。 一つ10点（30点）

今日《きょう》は、とても　わくわくして　います　なぜなら、遠くに　引っこした　はるたくんが、遊《あそ》びに　来て　くれるからです
「おーい、ゆうやくん！」
はるたくんが　ぼくを　よぶ　声が　聞こえました

3 次の文章《ぶんしょう》に、中点《なかてん》（・）を二つ書き入れましょう。 一つ10点（20点）

あしたの　持《も》ち物《もの》は　筆記用具《ひっきようぐ》です。えんぴつ　ボールペン　万年筆《まんねんひつ》の　どれでも　かまいません。

4 次の文章《ぶんしょう》に、かぎ（「　」）を二組書き入れましょう。 一つ10点（20点）、各完答

夏休みに　おばあちゃんの　家で、はじめて　わらびもちを　食べました。
どんな　味《あじ》が　するのかな。と　思いながら　ひとくち　食べてみました。
おいしい！
思わず、大きな　声が　出てしまい、おばあちゃんは　うれしそうに　にこにこして　いました。

「　」は、会話や思ったことなどにつけるよ。

10 三年生の漢字《かんじ》④

月　　日

点

答《こた》え べっさつ10ページ

1 次《つぎ》の――線の漢字《かんじ》の読みを（　）に書きましょう。 一つ10点（50点）

① 昔話を読み聞かせる。
（　　　　　）

② お休みの理由をたずねる。
（　　　　　）

③ やさしい言葉をかけてもらった。
（　　　　　）

④ こまっている人を助ける。
（　　　　　）

⑤ 石油ストーブをかたづける。
（　　　　　）

②「由」と⑤「油」は形がにているので気をつけよう。

2 次《つぎ》の□に漢字《かんじ》を書きましょう。 一つ10点（50点）

① 待《ま》ち合わせの時間を□《さだ》める。

② □《りょう》□《て》をポケットに入れる。

③ いなかのお□《まつ》りにさんかする。

④ 京都《きょうと》に□《む》かって、出発《しゅっぱつ》する。

⑤ 自分のつくえの上を□《ととの》える。

国語

9 文章《ぶんしょう》を読む②

点

月　日

答え べっさつ10ページ

国語

●次《つぎ》の文章《ぶんしょう》を読んで、あとの問《と》いに答えましょう。

①ヒマワリの花は、ほんとうに太陽《たいよう》の方を向《む》いてさくのでしょうか。下の絵を見てください。花は、ばらばらの方向《ほうこう》を向いていますね。太陽の方を向いてさくというのはまちがいなのです。

でも、②芽《め》ばえたばかりのヒマワリや、若《わか》いなえのヒマワリでは、いつも茎《くき》の先が太陽の方向を向いています。

これは、茎の先を太陽の方向にまげ、少しでも多くの光を葉《は》が受《う》けられるように、ゆっくり動《うご》いているからです。太陽の光を受けて養分《ようぶん》をつくり、生長するためのたいせつな働《はたら》きなのです。

（清水《しみず》清《きよし》「植物《しょくぶつ》は動《うご》いている」）
※一部《いちぶ》表現《ひょうげん》を変《か》えています。

▲花の向きは、ばらばら。

▲茎が太陽の方を向くなえ。

(1) ——線①「ヒマワリの花は……太陽《たいよう》の方を向《む》いてさくのでしょうか」という問《と》いに対《たい》する答えを、同じだん落《らく》の中から、一文でぬき出しましょう。（40点）

□

(2) ——線②「芽《め》ばえたばかりのヒマワリや……太陽の方向を向いています」とありますが、それはなぜですか。□にあてはまる言葉《ことば》をぬき出しましょう。（30点）

□ように、ゆっくり動《うご》いているから。

(3) ——線②は、何のための働《はたら》きですか。次《つぎ》から一つえらび、記号《きごう》で答えましょう。（30点）〔　　〕

ア 太陽《たいよう》の光を受《う》けて養分《ようぶん》をつくり、生長するため。
イ 太陽《たいよう》の光を受《う》けられるように、ゆっくり動《うご》くため。
ウ 太陽《たいよう》の光を茎《くき》で受《う》けて、光の向《む》きにまがるため。

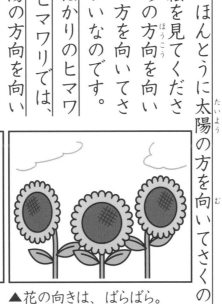

8 こそあど言葉《ことば》

点

月　日

答《こた》え べっさつ11ページ

1

次《つぎ》の文の（　）にあてはまる、□の字から始《はじ》まるこそあど言葉《ことば》を書きましょう。一つ15点（30点）

① 向《む》かいのビルの（あ　）まどから、友だちが手をふっている。

② 「もうすぐゴールだ。」（こ　）考えると、つかれた体に少し元気がもどってきた。

2

次《つぎ》の――線部《ぶ》を、こそあど言葉《ことば》におきかえましょう。おきかえるこそあど言葉《ことば》は、あとの（　）の中から一つえらび、○でかこみましょう。（10点）

校庭《こうてい》に、チューリップがさいている花だんがあります。校庭《こうてい》のチューリップがさいている花だんに、ちょうちょがとんできました。

（そこ　あれ　この）

3

次《つぎ》の文章《ぶんしょう》のこそあど言葉《ことば》と、指《さ》しているものをぬき出しましょう。一つ15点（60点）

① 弟はきょうりゅうのおもちゃが大のお気に入りだ。今日《きょう》もそれをかかえて、出かけて行った。

こそあど言葉《ことば》

指《さ》しているもの

② 作り方を書いたメモを、れいぞう庫《こ》にはっています。これを見て、やきそばを作ってください。

こそあど言葉《ことば》

指《さ》しているもの

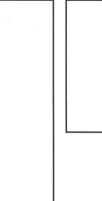

国語

7 三年生の漢字《かんじ》③

点

月　日

答え べっさつ11ページ

1 次《つぎ》の――線の漢字《かんじ》の読みを（　）に書きましょう。 一つ10点（50点）

① 雨で道路がぬれている。（　　）

② 外国の童話を読む。（　　）

③ ぶじ目てき地に着いた。（　　）

④ バレーボール大会に申しこむ。（　　）

⑤ 日本の文化をよく知ろう。（　　）

③には「きーる」という訓《くん》の読み方もあるのだ。

2 次《つぎ》の□に漢字《かんじ》を書きましょう。 一つ10点（50点）

① □《と》□《かい》に住《す》んでいる親せき。

② ビルの□《おく》□《じょう》に緑《みどり》を植《う》える。

③ □《やす》い買《か》い物《もの》。

④ デパートの□《てん》□《いん》。

⑤ 妹に言い□《ま》かされてくやしい。

6 文章《ぶんしょう》を読む ①

点

月　日

答え べっさつ11ページ

●次《つぎ》の文章《ぶんしょう》を読んで、あとの問《と》いに答えましょう。

千代《ちよ》ばあは、「きいてくれるかい？」と友樹《ともき》のほうへ顔をむけると、ふとんに横《よこ》になったまま、ゆっくり話しはじめた。

「友ちゃんが生まれる前だったね。ムササビがいついちゃったんだよ。古いからね、この家」

「えっ？　この家にすんでたの、ムササビ？」

「二階《にかい》だよ。雨戸をしまう＊戸袋《とぶくろ》があるだろ」

友樹が、天井《てんじょう》を見あげ、くらやみに目をこらした。

—カタッ……

かすかな物音《ものおと》がした。あわててふとんにもぐりこんだ。

「風の音だよ」

千代ばあが、くすくすわらっている。

「そ、それでどうしたの？」

「そこにね、ムササビは子どもを生んでね。育《そだ》ててたんだ」

かわいかったろうなあと、友樹は思った。

（深山《みやま》さくら「ぼくらのムササビ大作戦《だいさくせん》」）

＊戸袋…敷居《しきい》のはしにある雨戸をいれるスペース。

---

(1) 人物《じんぶつ》をあらわす言葉《ことば》を、文章中《ぶんしょうちゅう》からすべてぬき出しましょう。（20点）完答

［　　　　］

(2) ムササビは、「この家」のどこにいましたか。□にあてはまる言葉《ことば》を、文章中《ぶんしょうちゅう》からぬき出しましょう。一つ20点（40点）

□□にある、□□□□□□戸袋《とぶくろ》。

(3) 友樹《ともき》のせいかくとしてあてはまるものを次《つぎ》から二つえらび、記号《きごう》で答えましょう。一つ20点（40点）

ア 話を聞きたがるせっかちなせいかく。

イ 少しこわがりなせいかく。

ウ ふしぎなことに立《た》ち向《む》かうゆう気のあるせいかく。

エ 想《そう》ぞう力のゆたかなやさしいせいかく。

（　　・　　）

5 漢字《かんじ》の音《おん》と訓《くん》

国語

点

月　日

答《こた》え べっさつ11ページ

1 次《つぎ》の（　）に、「音《おん》」か「訓《くん》」のあてはまる方を書きましょう。 一つ5点（10点）

> 漢字《かんじ》の読み方には「音《おん》」と「訓《くん》」があります。中国《ちゅうごく》からつたえられた発音《はつおん》に近い読み方を（　　）といい、漢字《かんじ》の意味《いみ》に合った日本語をあてる読み方を（　　）といいます。

2 次《つぎ》の——線の読みを（　）に書き、それぞれ音《おん》読《よ》みなら「音」、訓読《くんよ》みなら「訓」と□に書きましょう。 一つ5点（10点）、各完答《かくかんとう》

① テレビで野球を見る。　読み（　　）□

② うすい味のスープ。　読み（　　）□

3 次《つぎ》の——線の読みについて、「音《おん》」の場合はカタカナで、「訓《くん》」の場合はひらがなで書きましょう。 一つ10点（80点）

① 表を使《つか》って、わかりやすく表す。
（　　）（　　）

② 来週の月曜日に、お月見をしましょう。
（　　）（　　）

③ 休みの日は、朝食をゆっくり食べる。
（　　）（　　）

④ 音楽を聞きながらくつろぐのは楽しい。
（　　）（　　）

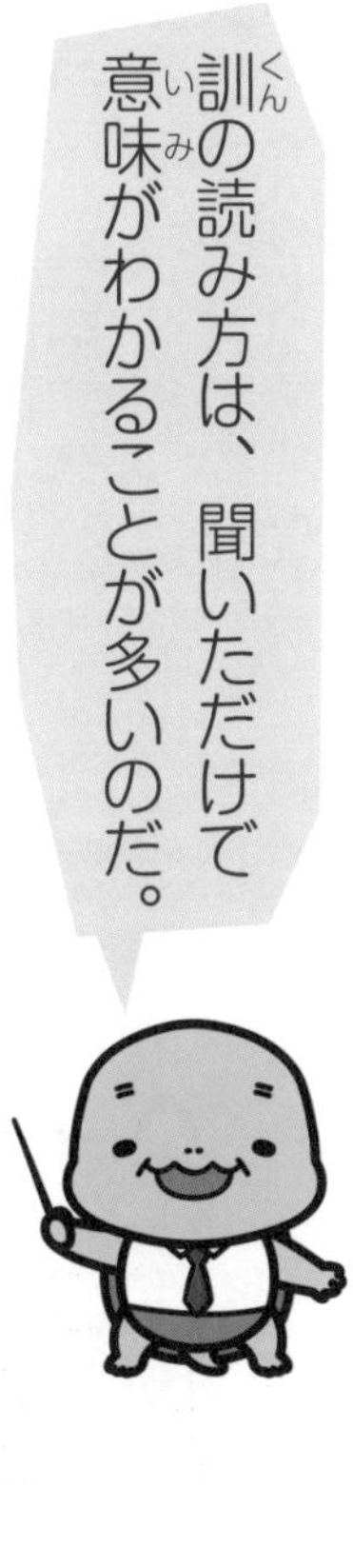
訓《くん》の読み方は、聞いただけで意味《いみ》がわかることが多いのだ。

4 三年生の漢字《かんじ》②

点

月　日

答《こた》え べっさつ12ページ

1 次《つぎ》の――線の漢字《かんじ》の読みを（　）に書きましょう。 一つ10点（50点）

① 同じ方向に帰る。（　　）

② 弟の話を相づちを打《う》ちながら聞く。（　　）

③ おじと空港で待《ま》ち合わせをする。（　　）

④ 去年より、五センチメートルもせがのびた。（　　）

⑤ 太陽にてらされて、たくさんあせをかく。（　　）

2 次《つぎ》の□に漢字《かんじ》を書きましょう。 一つ10点（50点）

① □《にゅう》□《がく》□《しき》で歌を歌う。

② おふろに入って体が□《あたた》まる。

③ 小さいころからサッカーを□《なら》っている。

④ むずかしい□《ぶん》□《しょう》を読む。

⑤ 公園にはいろいろな□《ゆう》□《ぐ》がある。

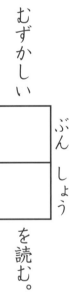

3

詩《し》を読む①

国語

点

月　日

答え べっさつ12ページ

●次《つぎ》の詩《し》を読んで、あとの問《と》いに答えましょう。

ひまわり

武鹿《ぶしか》 悦子《えつこ》

にゅうどうぐもまでつづいている
みわたすかぎりの畠《はたけ》のひまわり

どの花も
[①]のたてがみなびかせて
陽《ひ》に
ぎんぎんと
うたっている

ひまわりの
つよいいのちを
[②]

(1) 「にゅうどうぐもまでつづいている」は、「ひまわり」のどのような様子《ようす》を表《あらわ》していますか。次から一つえらび、記号《きごう》で答えましょう。(30点)

ア 空にとどくほど一本が高くのびている様子《ようす》。
イ ずっと遠くまでつづくほどたくさんある様子《ようす》。
ウ 夏が終《お》わるまでずっと長くさいている様子《ようす》。

〔　　〕

(2) [①]に入る色を表《あらわ》す言葉《ことば》は何ですか。次《つぎ》から一つえらび、記号《きごう》で答えましょう。(30点)

ア きん　**イ** ぎん　**ウ** みどり

〔　　〕

(3) [②]に入る言葉《ことば》を、詩《し》の中からぬき出しましょう。(40点)

[　　　　]

2 国語じてんの使《つか》い方《かた》

月　日

点

答え べっさつ12ページ

1 国語じてんで先に出てくる言葉《ことば》に、○をつけましょう。一つ10点(40点)

① (　)すいとう　(　)すいよう

② (　)きって　(　)きつね

③ (　)びょういん　(　)びよういん

④ (　)カレー　(　)かれい

2 国語じてんに出てくるじゅん番に、数字を書きましょう。一つ10点(20点)

① (　)ポール　(　)ホール　(　)ボール

② (　)しゃしん　(　)じゃぐち　(　)しやくしょ

清音《せいおん》→だく音→半だく音のじゅん番をおぼえるのだ。

3 次《つぎ》の――線の言葉《ことば》を、国語じてんで調《しら》べるときの見出し語を書きましょう。一つ10点(20点)

(れい) 絵をかこう。　(　かく　)

① 日曜日は、友だちと遊《あそ》びたい。　(　　　)

② 海にしずむ夕日が美《うつく》しかった。　(　　　)

4 次《つぎ》の□に入る言葉《ことば》を(　)からえらび、○でかこみましょう。(20点)

> 家族《かぞく》で海に行きました。その日はよく晴れて、波《なみ》も□だったので、楽しくすごすことができました。

(　ゆるやか　おだやか　)

1 三年生の漢字《かんじ》①

点

国語

月　日

答え べっさつ12ページ

1 次《つぎ》の――線の漢字《かんじ》の読みを（　　）に書きましょう。 一つ10点（50点）

①（　　）詩を楽しく読んでいる。

②（　　）場面の様子《ようす》を思いうかべる。

③ みんなで山に（　　）登って写真《しゃしん》をとる。

④ 駅《えき》から家までは六十（　　）秒しか、かからない。

⑤ ゆうびん（　　）局に走って行く。

2 次《つぎ》の□に漢字《かんじ》を書きましょう。 一つ10点（50点）

① □□□（どう ぶつ えん）

② 門の前に、□（あつ）まる。

③ □□（ちょう み）りょうを使《つか》う。

④ □□（せ かい）中を旅《たび》して回る。

⑤ □（しあわ）せな毎日をすごす。

②「あつ―まる」は、「シュウ」とも読むよ。

チャ太郎ドリル　夏休み編

小学3年生

国語

初版
第１刷　2020年７月１日　発行

●編 者
数研出版編集部
●表紙デザイン
株式会社クラップス

発行者　星野 泰也
ISBN978-4-410-13754-9

チャ太郎ドリル 夏休み編 小学３年生

発行所　**数研出版株式会社**
〒101-0052 東京都千代田区神田小川町２丁目３番地３
〔振替〕00140-4-118431
〒604-0861 京都市中京区烏丸通竹屋町上る大倉町205番地
〔電話〕代表 (075)231-0161
ホームページ　https://www.chart.co.jp
印刷　創栄図書印刷株式会社
乱丁本・落丁本はお取り替えいたします　200601

チャ太郎ドリル　夏休み編　小学三年生　国語

もくじ

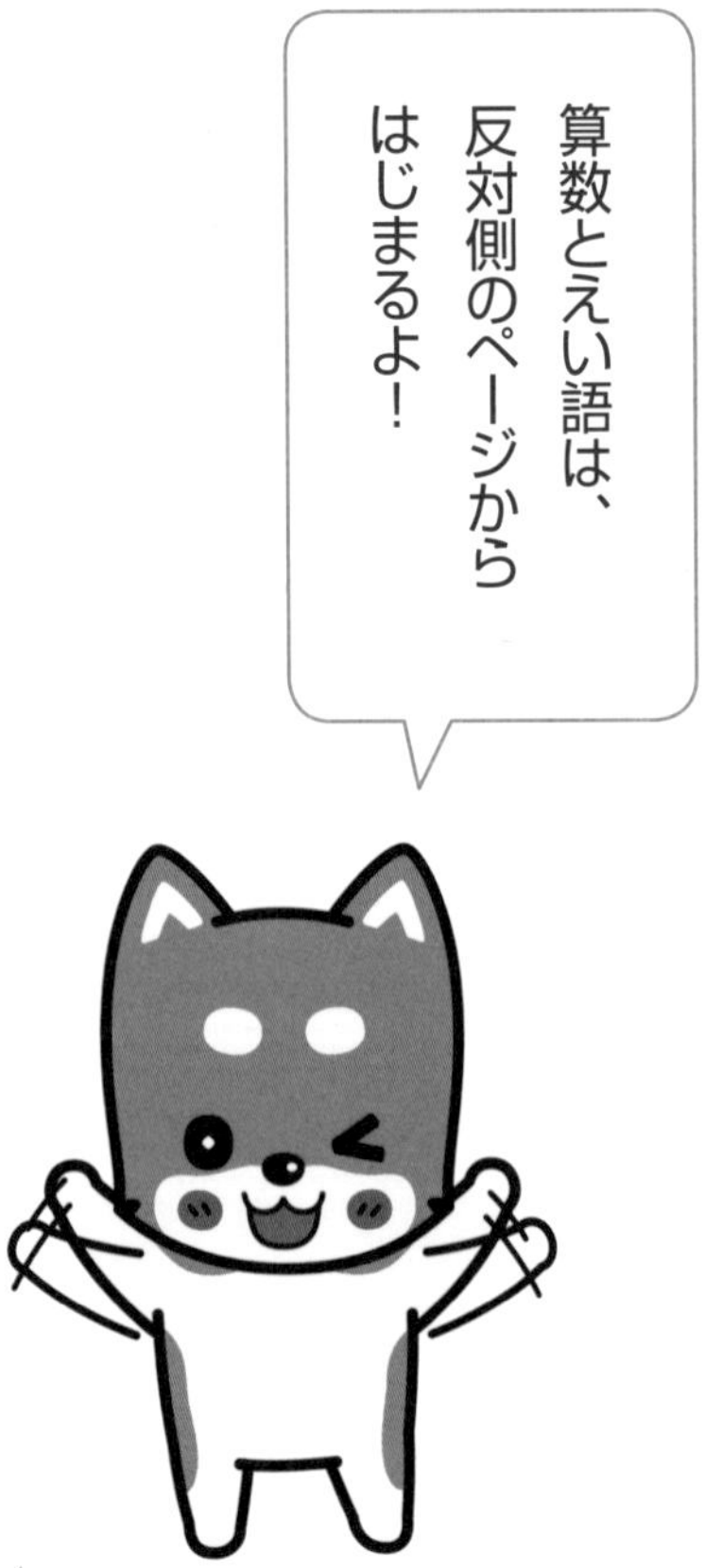

算数とえい語は、
反対側のページから
はじまるよ！

1 かけ算① 2ページ

1 ① 5 ② 7 ③ 4 ④ 9
⑤ 6 ⑥ 8 ⑦ 9 ⑧ 6

2 ① 40 ② 70
③ 36 ④ 28

かんがえかた

1 ① 3のだんの九九を使《つか》います。
⑦かける数が1ふえると，答えはかけられる数だけ大きくなるので，□には，かけられる数の9が入ります。

2 ① 10+10+10+10と考えます。
② 7×10=10×7として考えます。
③ 12を10と2に分けて，10のかけ算と2のだんの九九を使《つか》います。

2 かけ算② 3ページ

1 ① 1点：3，3　3点：1，3
② [式] 0×6=0
[答え] 0点
③ [式] 2×0=0
[答え] 0点

2 ① 0 ② 0

かんがえかた

1 ① (入ったところの点数)×(入ったおはじきの数)=(とく点)としてもとめます。
②入ったところの点数が0点であることに注意《ちゅうい》します。
③入ったおはじきの数が0こであることに注意《ちゅうい》します。

2 ① 0にどんな数をかけても答えは0です。

3 時こくと時間① 4ページ

1 40分

2 ① 50 ② 40

3 ① 9時 ② 7時10分
③ 11時40分
④ 1時55分

かんがえかた

1 11時までにかかった時間と11時からかかった時間に分けて考えます。

2 ① 10時50分から11時までの時間は10分なので，11時から11時40分までの40分とあわせて，
10+40=50（分）となります。

3 ②6時40分の20分後の時こくは7時で，そこから10分後なので，7時10分になります。

4 時こくと時間② 5ページ

1 ① 20秒 ② 45秒

2 ① 1，10 ② 3
③ 1，50 ④ 1，40
⑤ 130 ⑥ 75

3 ① 分 ② 時間

かんがえかた

1 ①文字ばんの数字は秒《びょう》を表《あらわ》しています。
②左から時間，分，秒《びょう》を表《あらわ》しています。

2 ① 1分=60秒《びょう》なので，70秒《びょう》を60秒《びょう》と10秒《びょう》に分けて考えます。
② 60秒《びょう》=1分なので，180秒《びょう》は60秒《びょう》+60秒《びょう》+60秒《びょう》と考えます。

5 わり算① 6ページ

1 [式] 16÷4=4

[答え] 4 こ

2 [式] 56÷8=7

[答え] 7 まい

3 ① 3 ② 6 ③ 9

④ 7 ⑤ 6 ⑥ 8

⑦ 9 ⑧ 4

かんがえかた

1 **2** 同じ数ずつ分けるときは，わり算を使《つか》います。

3 わる数のだんの九九を使《つか》って考えます。

6 わり算② 7ページ

1 ①

[式] 3÷3=1

[答え] 1 こ

② [式] 0÷3=0

[答え] 0 こ

2 ① 0 ② 3

③ 1 ④ 0

かんがえかた

1 ①同じ数ずつ分けるときは，わり算を使《つか》います。

②分けられるおにぎりがないので，わられる数は0です。どのお皿《さら》にもおにぎりがないので，答えも0こになります。

2 ①0を，0でないどんな数でわっても答えは0になります。

②わる数が1のときは，わられる数と答えが同じになります。

③わる数とわられる数が同じときは，答えは1になります。

7 たし算とひき算の筆算《ひっさん》① 8ページ

1 ① 799 ② 351

2 ①
```
  466
+239
-----
  705
```
②
```
  189
+  68
-----
  257
```
③
```
  593
-228
-----
  365
```
④
```
  700
-  13
-----
  687
```

かんがえかた

1 たし算とひき算の筆算《ひっさん》は，位《くらい》をそろえて一の位《くらい》からじゅんに計算します。ひき算では，くり下がりに注意《ちゅうい》しましょう。

2 筆算《ひっさん》は，位《くらい》をそろえて書くように注意《ちゅうい》しましょう。

8 たし算とひき算の筆算《ひっさん》② 9ページ

1 ① 9414 ② 2804

2 ①
```
  6274
+2961
------
  9235
```
②
```
  2602
+  398
------
  3000
```
③
```
  5293
-2486
------
  2807
```
④
```
  4038
-  639
------
  3399
```

かんがえかた

1 3けたの計算と同じように，たし算とひき算の筆算《ひっさん》は，位《くらい》をそろえて一の位《くらい》からじゅんに計算します。くり上がり，くり下がりに注意《ちゅうい》しましょう。

9 長さ① 10 ページ

1 きょり，道のり

2 ① 340m ② 500m

③ 900m

かんがえかた

2①道にそってはかった長さを答えます。100m＋240m＝340m になります。

②まっすぐにはかった長さを答えます。

③道にそってはかった長さを答えます。100m＋400m＋400m＝900m になります。

10 長さ② 11 ページ

1 ① 1，700 ② 1，60

③ 2，8 ④ 2300

⑤ 1080 ⑥ 1513

2 ① m ② cm

③ m ④ km

かんがえかた

1① 1000m＝1km なので，1700m を 1000m と 700m に分けて考えます。

④ 1km＝1000m なので 2km＝2000m です。2000m と 300m をたして考えます。

11 あまりのあるわり算① 12 ページ

1 [式] 14÷4＝3 あまり 2

[答え] 3，2

2 [式] 32÷6＝5 あまり 2

[答え] 5，2

3 ① 9 あまり 1 ② 9 あまり 3

③ 7 あまり 5 ④ 4 あまり 7

⑤ 7 あまり 5 ⑥ 3 あまり 2

かんがえかた

12同じ数ずつ分けるので，わり算を使《つか》います。わり算のあまりはわる数より小さくなることに注意《ちゅうい》しましょう。

12 あまりのあるわり算② 13 ページ

1 [式] 35÷4＝8 あまり 3

8＋1＝9

[答え] 9 箱

2 [式] 83÷9＝9 あまり 2

9＋1＝10

[答え] 10 日

3 [式] 45÷6＝7 あまり 3

[答え] 7 箱

4 [式] 25÷3＝8 あまり 1

[答え] 8 さつ

かんがえかた

1あまりのクッキーを入れる箱《はこ》がひつようなので，8＋1＝9（箱《はこ》）となります。

3あまりのりんご 3 こでは，6 こ入りの箱《はこ》はできません。

4あまった 1cm のはばに，あつさ 3cm の本を立てることはできません。

13 10000より大きい数① 14ページ

1 ① 2，1，9，7，3

② 60740

2 ① 53046230

② 30250451

3 ① 37000 ② 520000

③ 23 ④ 460

かんがえかた

1②千の位《くらい》と一の位《くらい》の数字はないので，0を書きます。

2①千万を5こ，百万を3こ，一万を4こ，千を6こ，百を2こ，十を3こあわせた数です。

3 1000を10こ集《あつ》めると10000，100こ集《あつ》めると100000になります。

14 10000より大きい数② 15ページ

1 ① 120万 ② 160万

③ 15000 ④ 26000

2 ① < ② =

③ > ④ >

3 ① 6100 ② 61000

③ 610000 ④ 61

かんがえかた

1①② 1目もりは10万です。

③④ 1目もりは1000です。

2② 3000+8000=11000

③ 900万−600万=300万なので，400万は900万−600万よりも大きい数です。

3① 10倍《ばい》すると位《くらい》が1つ上がります。

② 100倍《ばい》すると位《くらい》が2つ上がります。

③ 1000倍《ばい》すると位《くらい》が3つ上がります。

④ 10でわると位《くらい》が1つ下がります。

15 まとめ問題① 16ページ

1 ① 56 ② 60

③ 104 ④ 0

2 ① 10時 ② 9時35分

3 ① 8 ② 5 ③ 7 ④ 4

⑤ 0 ⑥ 1

かんがえかた

1② 6×10=10×6として考えます。

③ 13を10と3に分けて，10のかけ算と3のだんの九九を使《つか》います。

④どんな数に0をかけても，答えは0になります。

2② 10時5分の5分前の時こくは10時で，そこから25分前なので，9時35分になります。

3わる数のだんの九九を使《つか》って考えます。

16 まとめ問題② 17ページ

1 ① 777　② 343
③ 8233　④ 487
⑤ 2895　⑥ 6874

2 ① 750m
② 1050m, 1km50m

かんがえかた

1 たし算とひき算の筆算《ひっさん》は，位《くらい》をそろえて一の位《くらい》からじゅんに計算します。くり上がり，くり下がりに注意《ちゅうい》しましょう。

2 ①まっすぐにはかった長さを答えます。
②道にそってはかった長さを答えます。600m＋450m＝1050m になります。また，1000m＝1km なので，1050m を 1000m と 50m に分けて考えます。

17 まとめ問題③ 18ページ

1 ① 8あまり5　② 5あまり2
③ 9あまり3　④ 5あまり7
⑤ 7あまり4　⑥ 3あまり5

2 [式] 41÷6=6 あまり5
6+1=7
[答え] 7箱

3 ① 3000　② 7000
③ 27　④ 100

かんがえかた

1 わり算のあまりはわる数より小さくなることに注意《ちゅうい》しましょう。

3 ① 30000−3000＝27000 になります。
③ 1000 を 10 こ集《あつ》めると 10000 になります。

1 アルファベット大文字① 20ページ

1 ① 2(こ)　② 4(こ)
③ 3(こ)

2
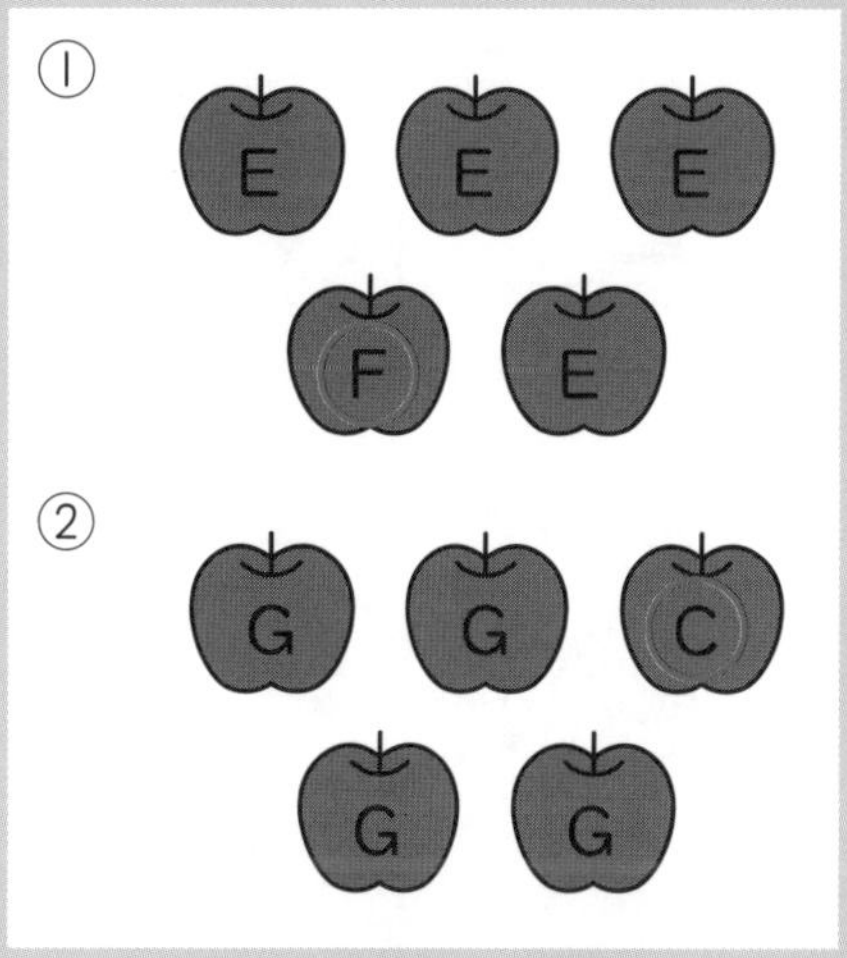

かんがえかた

2 E と F，C と G は形がにているので，気をつけましょう。

2 アルファベット大文字② 21ページ

1
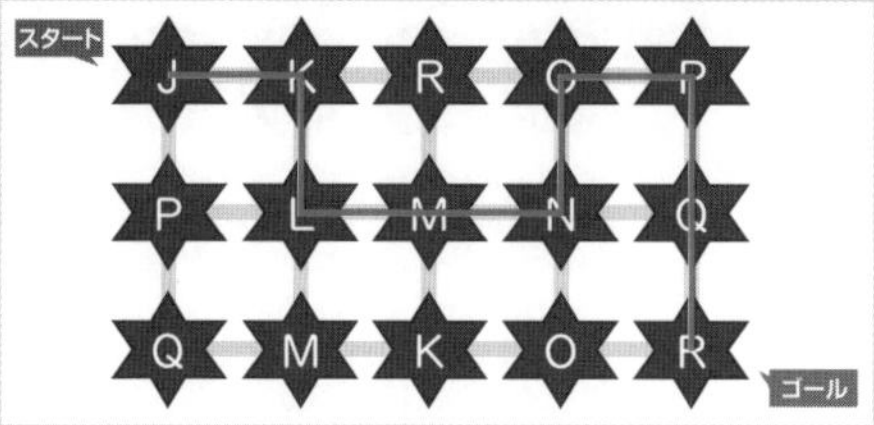

2
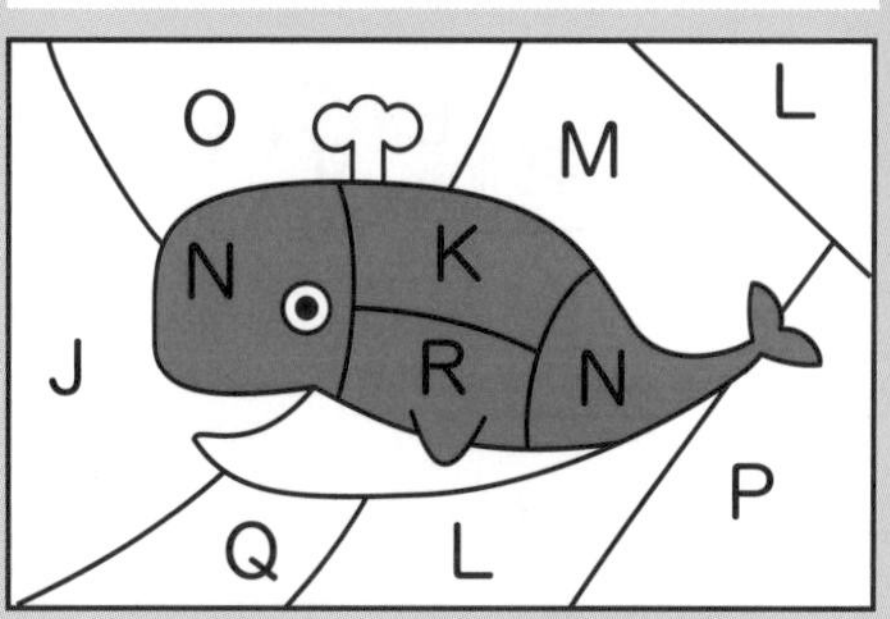

かんがえかた

1 J → K → L → M → N → O → P → Q → R のじゅんに線でむすびましょう。

3 アルファベット大文字③ 22ページ

1

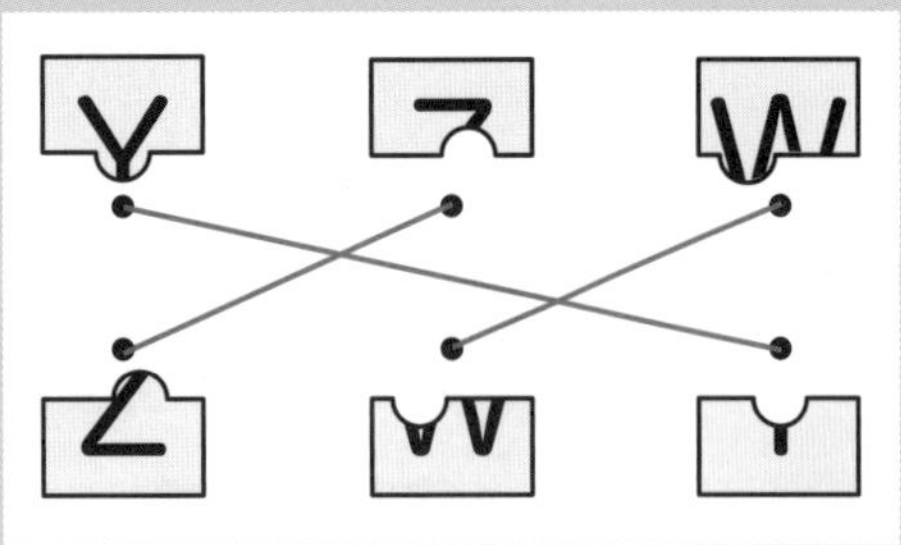

2

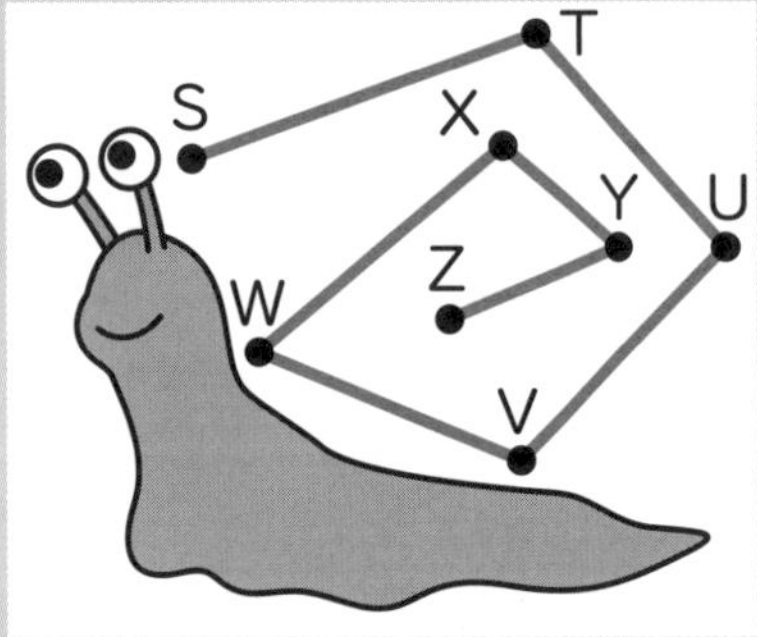

かんがえかた

2 S→T→U→V→W→X→Y→Zのじゅんに線でむすびましょう。

4 アルファベット小文字① 23ページ

1

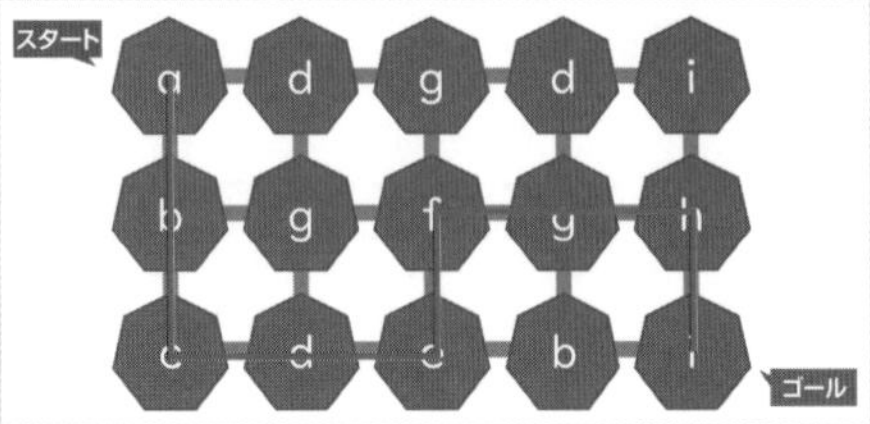

2

かんがえかた

1 a→b→c→d→e→f→g→h→iのじゅんに線でむすびましょう。

2 b, d, pは形がにているので，ちがいに注《ちゅう》意《い》しておぼえましょう。

5 アルファベット小文字② 24ページ

1

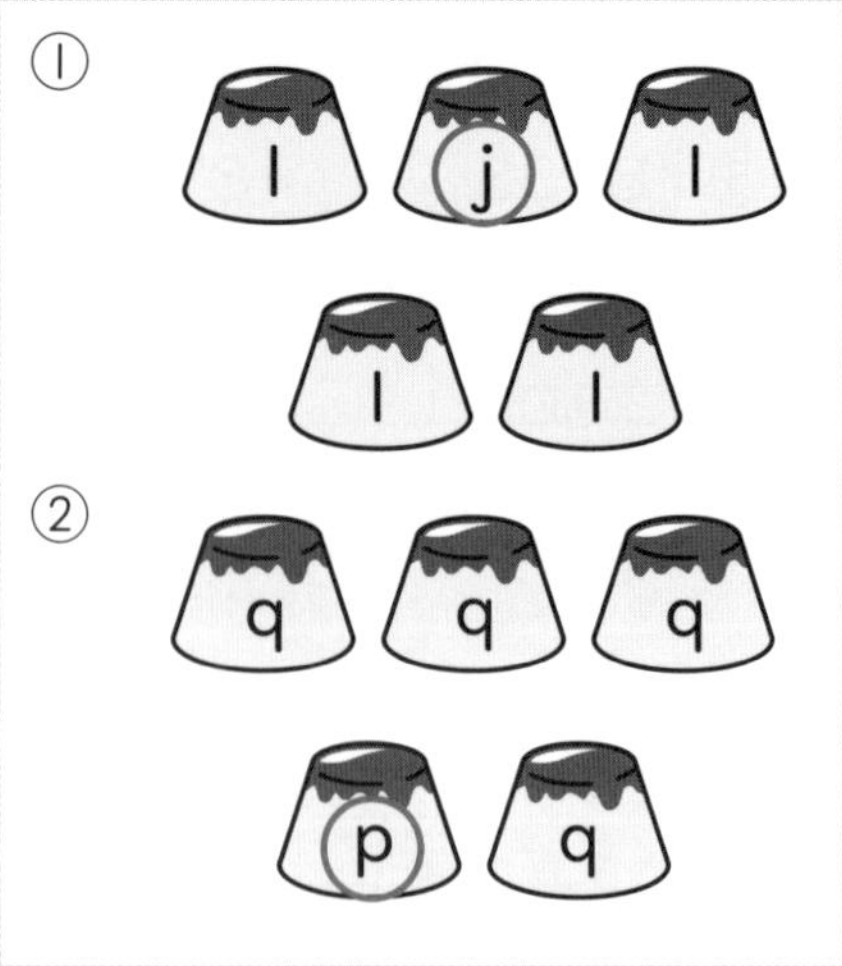

2

j	n	★	n	o	p	q	r
k	k	o	j	k	★	j	k
r	n	l	p	q	r	k	n
o	★	k	m	n	o	l	q
n	o	p	q	r	l	m	j
l	m	j	o	p	n	r	★

かんがえかた

1 jとl, pとqは形がにているので，ちがいに注《ちゅう》意《い》しておぼえましょう。

2 j→k→l→m, n→o→p→q→rとならんでいるところをさがしましょう。

6 アルファベット小文字③ 25ページ

1 ① 3(まい)　② 4(まい)
③ 2(まい)

2

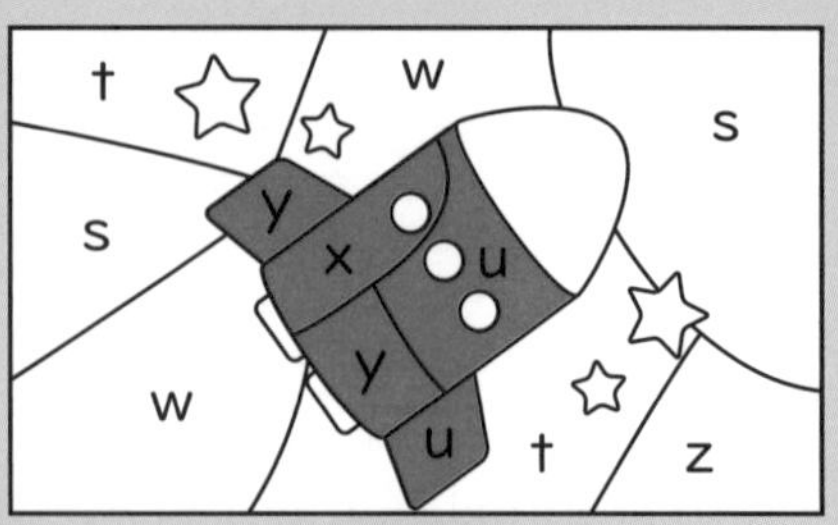

かんがえかた

1 vは谷が1つ, wは谷が2つです。しっかり区《く》べつしておぼえましょう。

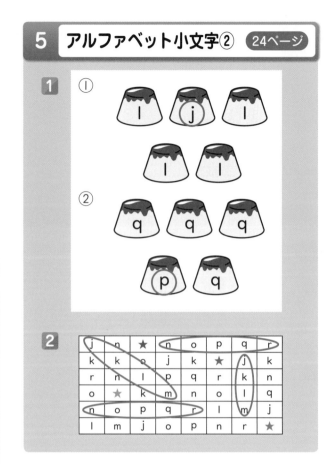

7 気持ち・様子 26ページ

1 ① ウ　② ア　③ イ

2

	h	u	n	s	m	n	
②	a	g	i	o	e	d	
	p	a	h	f	i	n	
	p	t	i	r	e	d	①
	y	i	h	a	l	f	
	d	e	r	s	l	b	

かんがえかた

1 sleepy は「ねむい」，fine は「元気な」，sad は「かなしい」という意味《いみ》です。

2 ①女の子は「つかれた…。」と言っているので，tired をさがします。
②女の子は「うれしい！」と言っているので，happy をさがします。

8 形 27ページ

1 ① 5(こ)　② 3(こ)

2 ①

②

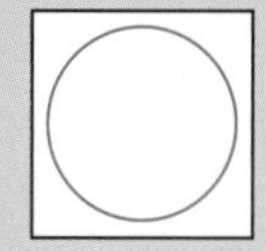

③

かんがえかた

1 triangle は「三角形」，cross は「十字形」という意味《いみ》です。

2 heart は「ハート形」，circle は「丸」，star は「星形」という意味《いみ》です。

9 まとめ問題① 28ページ

1 ① J　② L

2

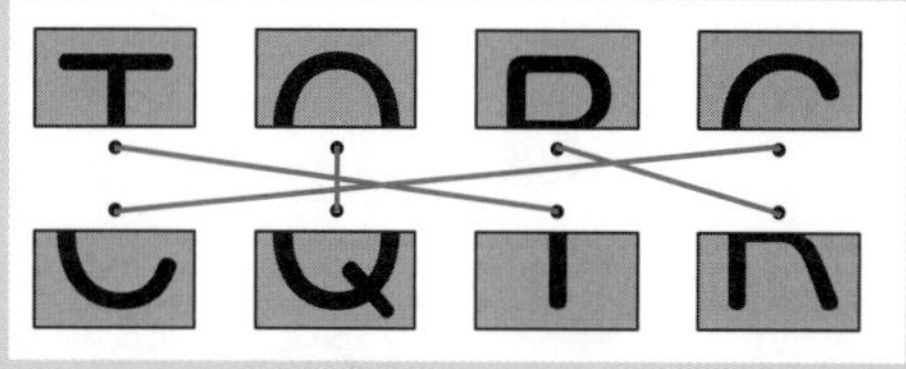

3 ① ○　② ×
③ ○　④ ×

かんがえかた

1 H → I → J → K → L → M のじゅんにならんでいます。

3 U と V は形がにているので，ちがいに注《ちゅう》意《い》しておぼえましょう。

10 まとめ問題② 29ページ

1

p	p	s	b	v	y	j	u	p	q
f	t	q	p	w	a	s	t	q	z
o	p	q	r	s	t	u	v	r	m
q	f	c	n	s	x	e	d	s	p
l	t	y	h	x	t	v	i	t	q
e	d	q	r	s	t	u	m	u	f
b	s	t	v	y	o	w	n	o	l

2

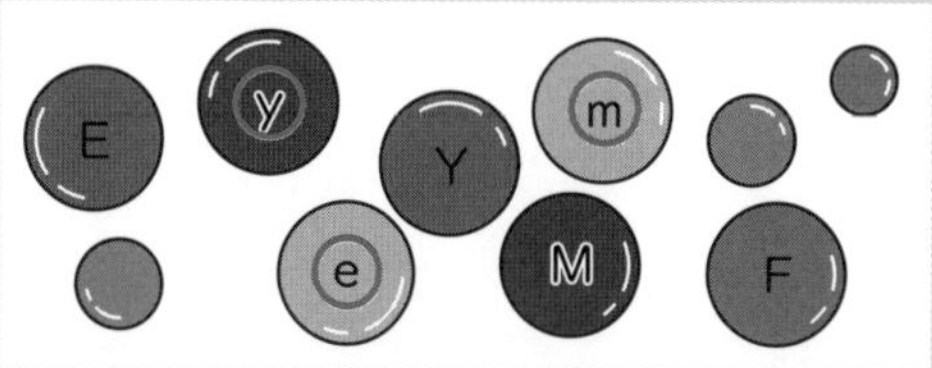

3 ① 3(こ)　② 6(こ)
③ 4(こ)　④ 2(こ)

かんがえかた

1 p → q → r → s → t → u のじゅんにならんでいるところをさがしましょう。

2 アルファベットの小文字は e，m，y の3つです。E，F，M，Y は大文字です。

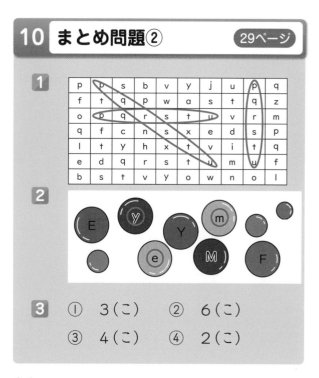

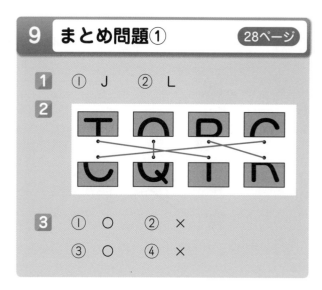

11 まとめ問題③ 30ページ

1

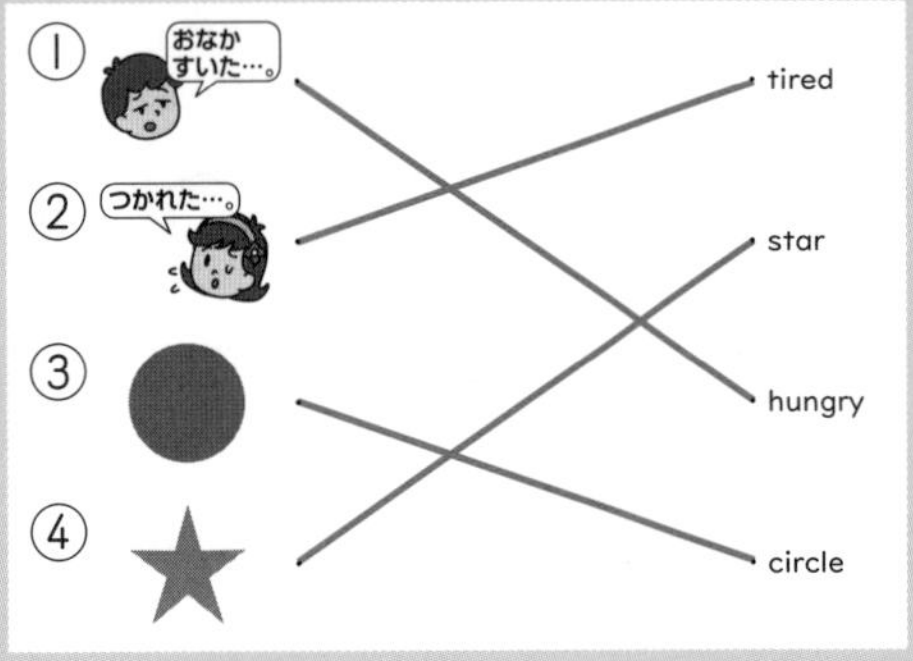

2 ① i　② l

かんがえかた

1「空ふくの」は hungry,「つかれた」は tired,「丸」は circle,「星形」は star といいます。

2「三角形」は triangle,「元気な」は fine,「ねむい」は sleepy といいます。

17 文章《ぶんしょう》を読む⑤ 31ページ

(1) まき上がり
(2) **ウ**
(3) アサガオのつる

かんがえかた

(1) 二だん落《らく》のはじめの「このまき上がり運動《うんどう》」に注目《ちゅうもく》しましょう。「この」が指《さ》しているのは、――線の内ようです。

(3) 一・二だん落目《らくめ》で、アサガオのつるのまき上がり運動《うんどう》についてせつ明し、三だん落目《らくめ》でつるのつくりについてのべています。

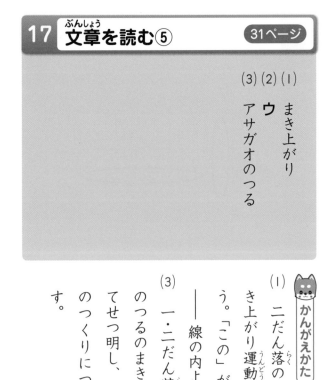

13 三年生の漢字《かんじ》⑤ 35ページ

1
① しんじつ
② しょうひん
③ まった
④ こくばん
⑤ ひょうざん

2
① 写
② 発言
③ 洋服
④ 終
⑤ 拾

かんがえかた

1 ③送《おく》りがなをまちがえやすいので合わせておぼえましょう。
⑤「氷」の「、」の場所《ばしょ》に注意《ちゅうい》しましょう。

2 ③「洋」は「ヨウ」、「服」は「フク」という読み方しかない漢字《かんじ》です。

14 漢字《かんじ》の組み立て 34ページ

1
(1) ごんべん…話・詩
きへん…板・林
にんべん…係・住
さんずい…油・池
(2) ① ウ ② エ ③ ア ④ イ

2

かんがえかた

1 漢字《かんじ》の左がわにあって、おおまかな意味《いみ》を表《あらわ》す部分《ぶぶん》のことを「へん」といいます。

2 漢字《かんじ》の右がわの部分《ぶぶん》を「つくり」といいます。「頁」は「おおがい」、「力」は「ちから」といいます。

15 詩《し》を読む② 33ページ

(1) ア
(2) ① 夏 ② 秋
(3) ウ

かんがえかた

(1) 作者《さくしゃ》は「コスモス」で、秋が来たことを表《あらわ》しています。「あなた」にあげたい花として三回も用いていることに注目《ちゅうもく》しましょう。
(2)(3) 作者《さくしゃ》は「あなた」に「夏」とのわかれをさびしがるより、「秋」になったことをいっしょに楽しんでほしいのです。

16 文章《ぶんしょう》を読む④ 32ページ

(1) ウ
(2) ア
(3) ドンマイ

かんがえかた

(1) 五つある亜紀美《あきみ》のせりふをすべて読むと、エミリをはげまそうとしていることが読み取《と》れます。
(2) エミリは、しっぱいがつらくてないています。
(3) 亜紀美《あきみ》は自分が力をもらった言葉《ことば》で、今度《こんど》はエミリをはげましているのです。

9 文章《ぶんしょう》を読む② 39ページ

(1) 太陽の方を向いてさくというのはまちがいなのです。

(2) （少しでも）多くの光を葉が受けられる

(3) **ア**

かんがえかた

(1) 「まちがいなのです」と答えている部分《ぶぶん》が同じだん落《らく》の終《お》わりにあります。

(2)(3) ――線②の理由《りゆう》や、何をするための働《はたら》きなのかは、どちらも次《つぎ》のだん落《らく》でのべられています。

10 三年生の漢字《かんじ》④ 38ページ

1 ① むかしばなし ② りゆう ③ ことば ④ たす ⑤ せきゆ

2 ① 定 ② 両手 ③ 祭 ④ 向 ⑤ 整

かんがえかた

1 ② 「由」は「ユ」とも読みます。

2 ① 「テイ」「ジョウ」という二つの音《おん》の読みもあります。
⑤ 「整える」は「きちんとする、整理《せいり》する」という意味《いみ》です。

11 符号《ふごう》 37ページ

1 ① 投げ、
② してから、
③ するので、

2 います。
くれるからです。
聞こえました。

3 えんぴつ・ボールペン・万年筆の

4 「どんな　味が　するのかな。」
「おいしい！」

かんがえかた

1 読点《とうてん》は、文の意味《いみ》の切れ目につけます。

2 句点《くてん》は、文の終《お》わりにつけます。

3 中点《なかてん》は、言葉《ことば》をならべるときに使《つか》います。

4 「どんな　味《あじ》が　するのかな」は思ったこと、「おいしい！」は口に出したことです。

12 文章《ぶんしょう》を読む③ 36ページ

(1) **ア**

(2) ① ささえ ② ともだち

かんがえかた

(1) メイのはじめの言葉《ことば》に「気をつけてくださいよ。雨で、岩がぬるぬるしてますから」とあるので**イ**はあてはまります。――線の直前にある「そのひょうし」とは「黒雲の……にぶく光った」ことなので、**ウ**もあてはまります。

5 漢字《かんじ》の音《おん》と訓《くん》 43ページ

1 音・訓

2 ① きゅう・音 ② あじ・訓

3 ① ヒョウ・あらわ ② ゲツ・つき ③ ショク・た ④ ガク・たの

かんがえかた

2 ①「球」の訓《くん》の読み方は「たま」です。
②「味」の音《おん》の読み方は「ミ」です。

3 ①「表」は「おもて」などの訓《くん》の読み方もあります。
②「月」には「ガツ」という音《おん》の読み方もあります。

6 文章《ぶんしょう》を読む① 42ページ

(1) 千代ばあ
友樹
友ちゃん
(順不同)

(2) 二階・雨戸をしまう

(3) イ・エ (順不同)

かんがえかた

(1)「友樹《ともき》」と「友ちゃん」は同じ人物《じんぶつ》です。

(2)「二階《にかい》だよ。雨戸をしまう戸《と》袋《ぶくろ》がある」という千代《ちよ》ばあの言《こと》葉《ば》をまとめます。

(3) 風の音をこわがったり、ムササビをかわいかったろうと思ったりする様子《ようす》から読み取《と》ります。

7 三年生の漢字《かんじ》③ 41ページ

1 ① どうろ ② どうわ ③ つ ④ もう ⑤ ぶんか

2 ① 都会 ② 屋上 ③ 安 ④ 店員 ⑤ 負

かんがえかた

1 ①「路」は左がわが「足」ではないことに気をつけましょう。

2 ①「都」は「ツ」とも読みます。
④「員」を「買」とまちがえないようにしましょう。
⑤「負」は「お―う」とも読みます。

8 こそあど言葉《ことば》 40ページ

1 ① あの ② こう

2 そこ

3 ① それ・(きょうりゅうの)おもちゃ
② これ・(作り方を書いた)メモ

かんがえかた

1 ①「向《む》かいのビル」なので、遠いところを指《さ》す「あの」があてはまります。

2 場所《ばしょ》を指《さ》しめす「そこ」を使《つか》います。

3 指《さ》している言葉《ことば》をあてはめてかくにんしましょう。

国語

1 三年生の漢字《かんじ》① 47ページ

1
① しばめん
② のぼ
③ びょう
④ きょく
⑤ 動物園

2
① 集
② 調味
③ 世界
④ 幸

かんがえかた

1 ③「登」は「ト」とも読みます。

2 ①「園」は二年生で習《なら》う漢字《かんじ》ですが、まちがえやすいので、よくおぼえておきましょう。

②「集」は「シュウ」とも読みます。

2 国語じてんの使《つか》い方《かた》 46ページ

1
① すいとう
② きって
③ びよういん
④ かれい

2
① (3) ポール　(1) ホール　(2) ボール
② (3) しゃしん　(2) じゃぐち　(1) しゃくしょ

3
① 遊ぶ
② 美しい

4
おだやか

かんがえかた

1 ③「ゃ・ゅ・ょ」や「っ」の小さい文字は、ふつうの「や・ゆ・よ」や「つ」のあとに出てきます。

④「カレー」ののばす音は「え」におきかえて考えます。

4 落《お》ち着《つ》いていて安《やす》らかな様子《ようす》を「おだやか」といいます。

3 詩《し》を読む① 45ページ

(1) イ
(2) ア
(3) うたっている

かんがえかた

(1) 遠くのにゅうどうぐもまで、ひまわりの畠《はたけ》が広々とつづいている様子《ようす》を想《そう》ぞうしましょう。

(2) ひまわりの花びらを「きんのたてがみ」とたとえています。

(3) 二連目《にれんめ》でどのようにうたっているのか、三連目《さんれんめ》で何をうたっているのかを表《あらわ》しているので、「うたっている」が入ります。

4 三年生の漢字《かんじ》② 44ページ

1
① ほうこう
② あい
③ くうこう
④ きょねん
⑤ たいよう

2
① 入学式
② 温
③ 習
④ 文章
⑤ 遊具

かんがえかた

1 ②「相」は「ソウ」とも読みます。「相《あい》づちを打《う》つ」は「相手《あいて》の話に調子《ちょうし》を合わせて、受《う》け答えする」という意味《いみ》です。

2 ②「温《あたた》まる」の他《ほか》に、「あたた―かい」「あたた―める」の読み方もあります。